簪花录

热缩片唯美古风

饰品制作全解

Yuki酱 著

U0234069

人民邮电出版社

北 京

图书在版编目（CIP）数据

簪花录：热缩片唯美古风饰品制作全解 / Yuki酱著
. — 北京：人民邮电出版社，2019.10
ISBN 978-7-115-51758-6

Ⅰ．①簪… Ⅱ．①Y… Ⅲ．①手工艺品－制作 Ⅳ.
①TS973.5

中国版本图书馆CIP数据核字(2019)第160276号

内 容 提 要

"盘丝系腕，巧篆垂簪。"古风饰品独具韵味，受到越来越多的人喜爱。本书将古风元素与热缩片手工完美地结合在一起，向大家展示了精美独特的古风手工饰品的制作过程。

本书共六章。第一章介绍了制作热缩片古风饰品需要的材料及工具。第二章介绍了制作古风饰品的基础技法，并讲解了6个基础款饰品的制作，以帮助读者熟练基础操作。第三章讲解了入门级古风饰品的制作，包括常见的耳饰和头饰。第四章主要讲解了古风饰品中最受欢迎的头饰的制作，按难度分为了初级、中级和高级案例。第五章讲解了除头饰外其他类型的较难的古风饰品制作。第六章讲解了如何将热缩片与其他手工材料相结合，制作出更新颖的、更富创意的古风饰品。

本书案例由简到繁，配有详细图文解说制作过程，并附赠配套教学视频。即使是初学者，也能轻松上手制作出自己心爱的饰品。

◆ 著　　　　Yuki 酱
　　责任编辑　王雅倩　陈　晨
　　责任印制　陈　犇

◆ 人民邮电出版社出版发行　　北京市丰台区成寿寺路 11 号
　　邮编　100164　　电子邮件　315@ptpress.com.cn
　　网址　http://www.ptpress.com.cn
　　北京捷迅佳彩印刷有限公司印刷

◆ 开本：787×1092　1/16
　　印张：10.25　　　　　　2019 年 10 月第 1 版
　　字数：228 千字　　　　2025 年 2 月北京第 17 次印刷

定价：69.80 元

读者服务热线：(010)81055296　印装质量热线：(010)81055316
反盗版热线：(010)81055315

前言

大家好！

终于让你们看到我的第一本热缩片古风饰品教程书了！我是一个充满好奇心、乐于探索的人，看到感兴趣的新事物就会积极去尝试。这些年来，我接触了许多手工，其中将立体热缩片手工发展成了有自己特色的一门手艺。

热缩片饰品的千变万化让我痴迷，不局限于颜色、材料和造型，制作热缩片古风饰品的过程就像是在经历一场场有趣的冒险，完全无法预见成品的最终效果会是怎样，而这也就吸引我不断去尝试。

在本书中，我精选由简入繁的案例，能帮助新手从入门开始一步步做出各式花形和搭配的精致华丽的古风饰品。同时，案例中所有的花朵都配有花形线稿图，这样不会画画的小白们也可以入手制作哦。

仙女们，有没有超级期待自己亲手做出来的饰品戴在头上的样子？快快打开这本书，开启你的簪娘之路吧！

Yuki 酱

2019 年 7 月

目录

第一章

制作古风饰品的工具与材料

本章主要介绍制作古风饰品需要准备的相关材料及工具,包括热缩片、UV胶、饰品配件和其他材料以及相关工具等。本章中介绍的材料种类繁多,涉及范围较广,读者着重选择与自己想要制作的饰品相关的材料即可。

❋ 1.1 热缩片和 UV 胶

下面介绍本书中制作饰品所用到的热缩片和 UV 胶材料以及相关工具。

❋ 1.1.1 热缩片及配套使用工具

热缩片是一种塑料薄板，具有受热收缩的特性。而半透明热缩片的其中一面经打磨加工成磨砂面，可以勾画图形线稿、涂色和制作出纹理效果。因此，半透明热缩片是应用最为广泛的一种热缩片，用其制作的手工作品一面光亮，一面呈现磨砂质感，并具有一定通透性。本书中，作者制作饰品使用的热缩片就是半透明热缩片。

用半透明热缩片制作饰品需要的材料和工具有：

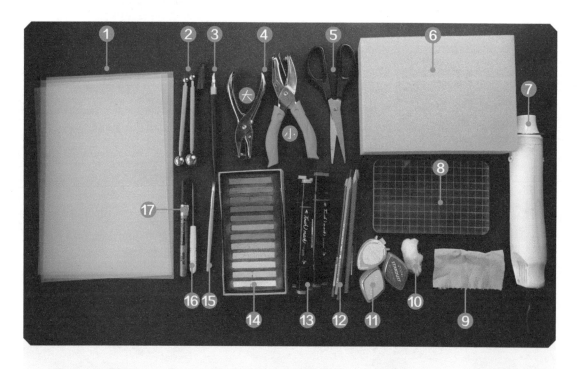

① 半透明热缩片　　⑤ 剪刀　　　⑨ 纸巾　　　⑬ 马克笔　　⑯ 锥子

② 丸棒　　　　　　⑥ 海绵垫　　⑩ 棉团　　　⑭ 色粉　　　⑰ 金漆笔

③ 笔刀　　　　　　⑦ 热风枪　　⑪ 印台　　　⑮ 小笔刷

④ 大孔径（3mm）打孔器和　⑧ 透明平板　　⑫ 彩铅
　　小孔径（1.5mm）打孔器

说明：此处材料和工具的编号顺序不等同于下面单个物品介绍展示的顺序。

◯ 热缩片及其在受热收缩过程中使用的工具

半透明热缩片

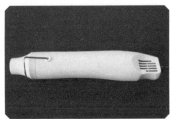

热风枪

热缩片定型工具。热风枪的高温能使热缩片快速收缩定型。注意：手要与出风口保持距离；以及刚定型的热缩片不要用手去碰触，避免高温烫伤。

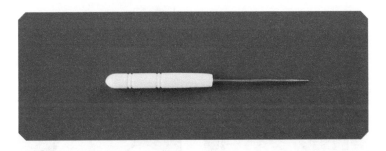

锥子

在使用热风枪时，用锥子代替手去固定热缩片，防止热缩片被吹跑以及手被烫伤。

◯ 热缩片的造型工具（包括加热前和加热后）

剪刀

用于大面积裁剪热缩片。

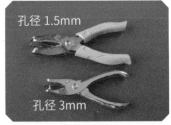

孔径 1.5mm

孔径 3mm

打孔器

在热缩片加热前将其打孔，便于后期与配饰组合。本书中主要使用孔径 3mm 的打孔器。

笔刀

用于将热缩片裁切出不规则形状或刻画热缩片表面纹路。

丸棒

热缩片加热时的辅助塑形工具，通常用于塑造半圆或有幅度的曲面。

透明平板

热缩片造型工具，可将加热收缩后的热缩片压平整，做出平整的薄板。

海绵垫

在用丸棒工具给热缩片塑形时垫在下面。也用于羊毛毡塑形。

● 热缩片上色工具

彩铅
主要用于在热缩片上勾画图案。偶尔也用彩铅进行涂色。

马克笔
用于热缩片上涂色。在热缩片上涂上颜色后可以用纸巾做出晕染效果。

小笔刷
蘸取色粉进行上色的工具。

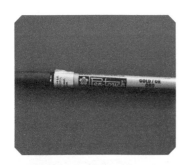

金漆笔
可直接在热缩片上勾画图案。

色粉
上色。使用时用棉团或小笔刷蘸取色粉直接涂在热缩片上。

印台
内带水性颜料，用于热缩片上色，需用棉团蘸取。特点是颜色均匀、不易掉色。

棉团
蘸取色粉或印台进行上色。

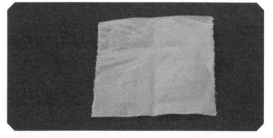

纸巾
在进行马克笔涂抹上色或其他操作时，可用纸巾擦去多余颜色或其他物质。

✳ 1.1.2 UV 胶及相关配套工具与材料

UV 胶作为特殊效果呈现材料或黏着剂等，在手工制作中广泛使用。其有一些常见的配套工具与材料。

① 珠光粉　　② UV 胶　　③ 色精　　④ 闪粉、亮片　　⑤ 紫外线灯

珠光粉

在 UV 胶里加入适量珠光粉，可以有闪亮光泽效果，更显华丽之感。珠光粉也常与热缩片搭配使用。

UV 胶

经过紫外线灯照射后就会固化的一种黏着剂。

色精

可在溶剂中溶解的染料。添加时要注意控制用量。

闪粉

亮片

闪粉、亮片

配合 UV 胶使用，能使作品表面产生更丰富的光泽和质感。

紫外线灯

使 UV 胶迅速凝固的工具。

❋ 1.2 饰品配件及造型工具

❋ 1.2.1 饰品配件

制作饰品，不可或缺的就是饰品配件，本书案例中用到的配件可大致分为结构配件和装饰配件。

① 金属线

② 装饰米珠

③ 鱼线

④ 绒线

⑤ 耳饰配件

⑥ O 形链、圆珠链

⑦ 金属花蕊

⑧ 9 字针、球针、开口圈

⑨ 各种尺寸的圆形天然石

⑩ 锆石、水滴珠

⑪ 异形捷克玻璃珠

⑫ 金属吊帽

⑬ 胸针圆盘、手镯环、戒指圈

⑭ 各种珍珠

⑮ 其他串珠

⑯ 各种头饰配件

说明：此处饰品配件的编号顺序不等同于下面单个配件物品介绍展示的顺序。

○ 结构配件

结构配件是饰品必备的结构元件或用于结构元件之间的连接和固定材料。

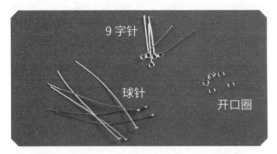

9字针、球针、开口圈
用于连接各种串珠、链条的金属配件。

O形链、圆珠链
制作步摇、吊坠等饰品时使用的金属链。

绒线
用于花枝或整体的捆绑固定。本书案例使用了褐色和绿色两种颜色的绒线。

金属线
用于花瓣以及各部件的连接固定，本书案例使用了 0.6mm 金属线和 0.3mm 金属线。也可与串珠搭配制作花蕊

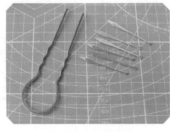

各种头饰配件
对应上图，从左至右、从上到下依次为：簪棒、平头小发钗、U形钗、流苏片、发夹、弯头U形钗、四齿发梳（2种）。

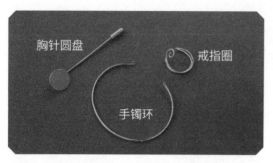

胸针圆盘、手镯环、戒指圈

金属吊帽
本书中制作吊坠饰品的金属配件。

耳饰配件

○ 装饰配件

用于丰富饰品细节，使作品更加精致、美观。

装饰米珠

各种尺寸的圆形天然石

锆石、水滴珠

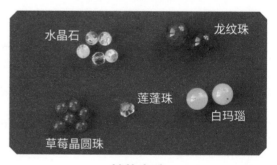

其他串珠

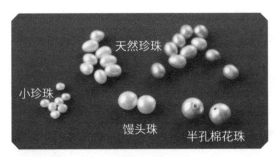

各种珍珠

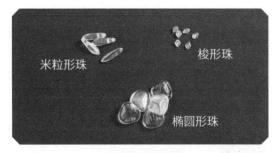

异形捷克玻璃珠

金属花蕊
可直接粘在花心处做花朵的花蕊。

鱼线
在鱼线的顶端滴上 UV 胶，再上色后可做成花蕊蕊丝。

✳ 1.2.2 饰品造型工具

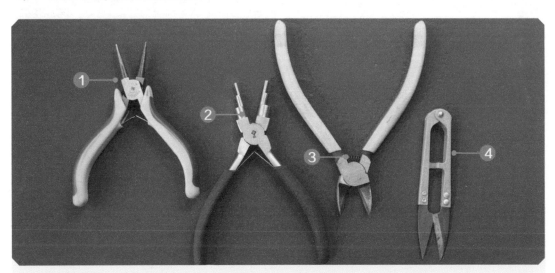

1 圆嘴钳　　可以把金属线弯出各种角度。制作不需要固定大小的金属线圈时使用。

2 六段钳　　六段钳的分段结构能让做出的金属线圈大小一致。

3 剪线钳　　主要用于棉线或金属配件的修剪。

4 U 形剪　　适合裁剪精细的部分。

❋ 1.3 其他材料及相关工具

我们还可以把热缩片与羊毛毡或羊毛扭扭棒等其他手工材料结合起来共同制作饰品。

1 羊毛扭扭棒　　比普通扭扭棒的绒毛更紧密柔软，是用铁丝和绒毛组合而成的。外形柔软，可以扭出各种造型且不会散掉。

2 白色仿真花蕊　　可作为羊毛扭扭棒材质饰品的花蕊。

3 羊毛毡　　可以利用戳针让其纤维紧实、毡化，做成各种各样的造型。

4 戳针　　使羊毛纤维快速毡化的工具，并且能将其修整出想要的形状。

5 手工垫板　　橡胶材质，手工制作时用于保护桌面的工具，能有效防止制作材料污染桌面和工具损坏桌面。

第二章

古风饰品制作的基础技法

这一章，先向大家展示了精致的古风饰品，并介绍了其造型、色彩特点以及常见种类。了解了这些，我们就可以开始学习古风饰品制作的基础技法了。

制作古风饰品，首先从热缩片、UV 胶和饰品配件等材料的基础操作技法上入手。在详细了解每种材料都需哪些基础操作技法后，我们再结合 6 个基础款饰品的制作进行练习，大家就基本掌握制作古风饰品的方法了。

✳ 2.1 古风饰品介绍

饰品的古风韵味主要通过造型元素、颜色和制作的饰品类型来体现。这也是学习制作古风饰品必须要了解的基础内容。

✳ 2.1.1 古风饰品主要造型元素

古风饰品的造型元素多为传统文化中常见的意象和题材，如花、叶、果实和昆虫等造型饰品等。

● 花卉造型

  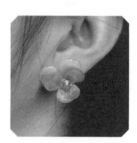 

蝴蝶兰　　　　　　莲花　　　　　　三色堇　　　　　　梨花

● 叶造型

红叶　　　　　　　　银杏叶　　　　　　　　竹叶

● 果实造型

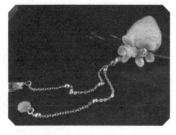 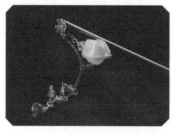 

桃花与桃　　　　　　灯笼果　　　　　　　柿子

蝴蝶

✳ 2.1.2 古风饰品的颜色

古风饰品的颜色多有古典之韵。古典美的颜色既有沉稳内敛之感，也有流光溢彩之美，而这种配色的感觉，是需要多多参考和练习才能慢慢培养出的。这里只是给大家提示一些比较能快速上手的原则，或者说是方案。

◎ 玉"色"

这里的玉"色"，其实是指玉感。玉在传统文学作品和故事中很常见，是很具有古典韵味的，其品相晶莹透亮、色泽均匀。而我们使用的热缩片，比较容易呈现出这种状态，所以热缩片很适合制作仿玉的饰品。

◎ 植物色

这里的植物色，指的是自然界中各种植物的颜色。我们使用的半透明热缩片，容易着色，且可以呈现出各种颜色，很好地还原自然界中的植物色，所以非常适合用于制作色彩多样的饰品。

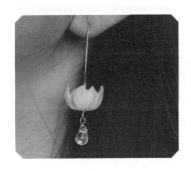  

✳ 2.1.3 常见古风饰品类型

古风饰品因其佩戴位置的不同，可以分为各种类型，常见的有头饰、耳饰、胸针、吊坠、手镯和戒指等。而头饰又可细分为发簪、发钗、步摇和发梳等，是较受欢迎的古风饰品。

◯ 发簪

发簪是可以固定和装饰头发的一种饰品。发簪的样式变化主要表现在簪首的图案与形状。簪尾是一根金属或其他材质的细簪棒。簪首常用各种花卉作为造型元素，有时也会用蝴蝶、飞鸟等动物元素。

◯ 发钗

与发簪不同，发钗是双股形头饰，更容易固定头发。花卉依旧是钗头的常用元素。

◯ 步摇

步摇是在簪、钗的基础上演变而来的一种头饰。随头部自然晃动而发出清脆的声音是步摇相较于其他头饰所独有的特点。

◌ 发梳

发梳是在梳子的外形上添加了装饰的一种头饰。添加的装饰将发梳顶部的金属配件完全遮挡，以保证饰品整体的美观性。

◌ 耳饰

耳饰是戴在耳朵上的饰品，根据具体样式还可分为耳夹、耳钉、耳坠和耳钩等。

 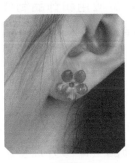  

耳夹　　　　　耳钉　　　　　耳坠　　　　　耳钩

◌ 胸针

胸针也称胸花，是可以戴在衣服上的饰品。也可看做是一种极富装饰效果的别针。

◌ 吊坠

佩戴在脖颈上的饰品。

◎ 手镯

手镯是佩戴在手腕上的环形装饰品。

◎ 戒指

戒指是戴在手指上的环形饰品。

✿ 2.2 古风饰品制作基础技法

本节主要讲解了热缩片的基础操作、UV 胶的应用和饰品制作的基础技法。每种操作技法与材料的具体应用都有相应的操作图进行演示。

✱ 2.2.1 热缩片的基础操作

热缩片的材质特殊，经过一些基础操作加工后，可以制作成各种形状或图案，具有超强的可操作性。因此，本书中制作的饰品主体部分几乎都是用热缩片完成的。下面，我们来看一下热缩片可进行哪些基础操作。

◎ 线稿勾画

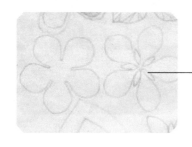 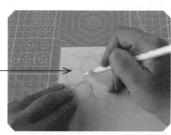

制作热缩片饰品，我们可以先在拷贝纸上画出想做的花形轮廓，再将半透明热缩片放在拷贝纸上，用彩铅在其磨砂面上描出线稿。

> **小提示**
>
> 用彩铅在热缩片上勾画线稿时，可根据制作的事物颜色去选择彩铅的颜色，例如：制作银杏叶，可选用黄色彩铅勾画；制作竹叶，可选用绿色彩铅勾画。也可无论什么事物直接选用白色彩铅进行勾画（白色彩铅色浅，后续操作后就几乎看不见其颜色了）。

◎ 裁剪 / 裁切

根据线稿轮廓用剪刀进行裁剪。注意不要破坏了外形。

使用笔刀挖空中心图案。注意不要把连接的部分给裁断了。

> **小提示**
> 修剪花瓣这类造型有精细角度的图形时，可以先剪一边，再翻转修剪另一边。避免在修剪转角部分时撕裂热缩片。

◎ 打孔

  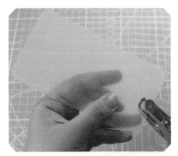

修剪出最终外形后，在需要的位置用打孔器打孔，注意孔洞与边缘的距离。

◎ 上色

用棉团蘸取色粉在热缩片上涂抹。

在热缩片上用彩铅画出纹样。

用马克笔涂抹整块热缩片。

○ 加热

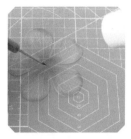  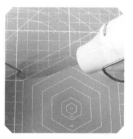 

完成平面的剪切和上色后，可以给热缩片加热，在其缩小后趁热塑形。可以反复加热塑形，直至效果满意。（热风枪加热后温度很高，建议戴手套操作，或者借助工具）。

小提示

1. 制作相同的图形时，偏厚的热缩片相较于偏薄的热缩片，会在缩小后显得大一些。

2. 不同批次、不同厂家大小相同的热缩片在缩小后也会有一些差别。建议在制作作品前，先剪下一块热缩片加热缩小，确认缩率，再正式制作，便于让成品更接近自己想要的尺寸。

○ 造型

趁热缩片还未硬化，根据需要塑造各种形状。

 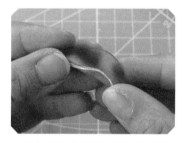 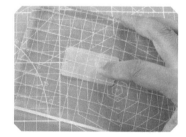

用手向中心挤压调整花卉外形。　　用指尖捏住热缩片扭转出造型。　　用压板压，让热缩片变得平整。

小提示

制作偏大或需要表现厚实质感的物品时，建议选用厚的热缩片；制作偏小或轻薄（如某些花瓣）的物品时，建议选用薄的热缩片。

✳ 2.2.2 UV 胶的应用基础练习

UV 胶是制作饰品常用的黏着剂，可以将塑料与金属、塑料与塑料等材料进行黏合。另外，UV 胶还可以用于呈现一些特殊效果。

◐ 粘贴固定

UV 胶遇紫外线就会固化，所以只需要取少量 UV 胶涂于需要连接处，固定好物件以后用紫外线灯照射几秒使 UV 胶基本凝固。这时，要微调黏合的部位，确保精准。然后再继续照射紫外线灯直至 UV 胶彻底凝固。

> **小提示**
>
> 1. 因为 UV 胶在紫外线照射下才会固化，所以对完全不透光的物体黏合效果并不好。
>
> 2. 两个部件之间要少量多次地滴加 UV 胶进行粘贴，避免一次滴胶太多造成堆积不均匀而影响效果。

◐ 制作水珠效果

在花瓣和叶子的表面滴几滴 UV 胶，再用紫外线灯照射凝固，就形成了植物表面的水珠。

◐ 制作光滑透明效果

将 UV 胶涂在热缩片的磨砂上色面，会让热缩片变得透明闪亮，也能让制作的饰品颜色更加持久。通常，热缩片加热之前颜色越浅，热缩后 UV 胶产生的透亮效果越好。

○ 配件制作

把 UV 胶滴入圆形容器内。

在 UV 胶中滴入适量色精。

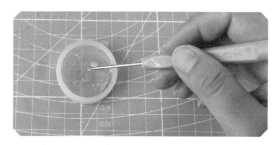

搅拌均匀后加入闪粉和亮片。

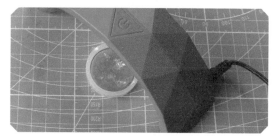

放置在紫外线灯下照射，待凝固（胶较多，照射时间可长些）。

最后将其从容器中取出即可。

小提示

1. 制作内置有亮片或闪粉等物质的 UV 胶配件时，UV 胶与闪粉或亮片应多次、少量地加入，避免混合不均匀。

2. UV 胶凝固时会释放大量热量，为避免烫伤或腐蚀皮肤，要尽量避免胶和皮肤直接接触。

✳ 2.2.3 饰品制作基础技法

前面，我们介绍了用热缩片制作饰品主体部分以及 UV 胶的应用，现在来讲解最终完整的饰品组合需要用到的一些基础技法。要知道使用的材料不同，其技法也是不一样的。下面是一些常用技法的介绍。

○ 串珠的连接和固定

◆将串珠固定在 9 字针或球针上（两者方法相同）

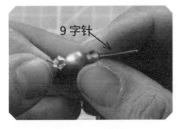

9字针

将9字针依次穿过需要的串珠。

用圆嘴钳夹住9字针的针端，弯折出一个小圈。

用剪线钳剪去9字针多余的部分。

完成串珠的固定。

◆串珠与金属链的连接

用圆嘴钳夹开开口圈的开口。

穿进串珠。

将带有串珠的开口圈连接到金属链的链环上。

最后用钳子将开口圈的口闭合，串珠与金属链的连接完成。

◆串珠与金属线的连接

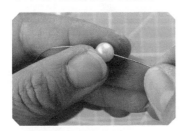

将金属线穿过串珠。

把金属线的两端并在一起，扭成麻花状。

这样，串珠与金属线的连接就完成了。

○ 金属线的缠绕

用金属线连接单片花瓣。

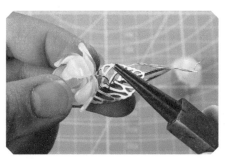

用金属线把各配件捆绑固定在一起。

小提示 金属线的使用

1. 做单片花瓣组合的花形时，一般采用金属线扭麻花的方式固定花片。

2. 饰品各部件连接时也需要用金属线来捆绑固定。

3. 金属线的优点在于可塑性强，并且缠绕过后可直接剪断，收尾处干净利落。

○ 绒线的缠绕

用绒线将簪棒和簪首的花枝捆绑在一起。

加入连接了金属线的珍珠一起捆绑固定。

绒线缠绕至簪首下方的 2cm 左右，能够固定住簪首即可。

✿ 2.3 一花一叶一世界
—— 练习制作基础款饰品

本节中的案例都是基础款饰品，选取的是造型简单，容易表现的花、叶元素作为主体，包括了耳饰、戒指、吊坠等饰品类型。

我们在学习制作这些基础款饰品的过程中，可以熟练饰品制作的基础技法，掌握热缩片的特性和相应的基础操作、UV胶的具体应用以及基础饰品配件的操作等，为制作后面的案例打下基础。

✳ 2.3.1 银杏耳夹

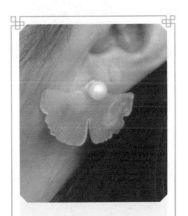

材料及工具

半透明热缩片、UV胶、彩铅、色粉、馒头珠、塑料耳夹、紫外线灯、热风枪、剪刀、锥子、棉团、手工垫板

◎ 制作

1 在半透明热缩片的磨砂面上用黄色彩铅勾画出银杏叶的外形轮廓。

2 用剪刀沿着彩铅笔迹剪下银杏叶。

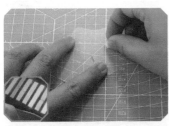

3 用棉团蘸取黄色色粉，涂满剪下的银杏叶，再将橘色色粉涂在叶片边缘，做出银杏叶的颜色渐变效果。

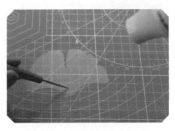

4 用热风枪加热银杏叶。注意要用锥子压住叶片，防止被吹走。

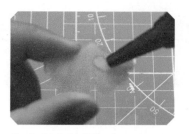

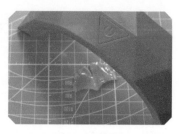

5 银杏叶缩小后可以稍微调整一下的造型，使其形成自然弯曲。

6 在制作好的银杏叶表面均匀涂抹 UV 胶。

7 用紫外线灯照射 5 分钟，固化 UV 胶。

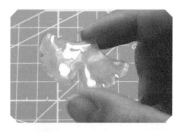

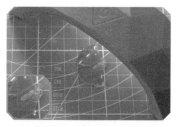

8 等 UV 胶干透以后，银杏叶表面会形成闪亮的保护膜，产生光泽感。

9 在银杏叶背面涂少量 UV 胶，再粘住塑料耳夹，用紫外线灯照射 5 分钟固定。

10 用同样的方法，在粘耳夹位置对应的银杏叶正面涂少量 UV 胶，粘住馒头珠。银杏耳夹就制作完成啦。

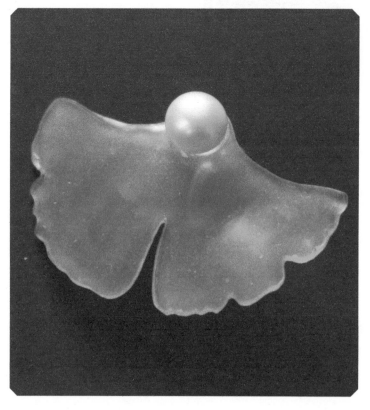

✳ 2.3.2 山茶花耳钩

材料及工具

UV 胶、彩铅、色粉、半透明热缩片、金属长耳钩、黄色米珠、紫外线灯、热风枪、剪刀、锥子、丸棒、棉团、手工垫板

◯ 制作

1 在半透明热缩片的磨砂面上用红色彩铅勾画出大不一、形状相同的两朵山茶花轮廓。

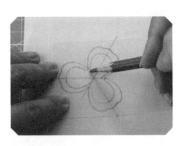

2 用剪刀沿着彩铅笔迹剪下山茶花。

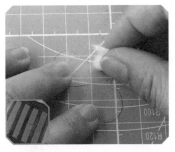

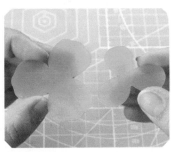

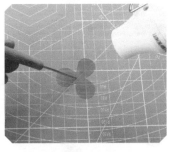

3 用棉团蘸取红色色粉给两个花片均匀上色。

4 用锥子压住山茶花花片，用热风枪加热。

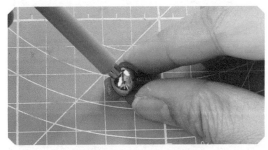

5 花片缩小后，趁热用丸棒辅助给花片塑形。把两个花片都做成碗状。

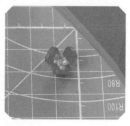

6 在较小的花片中心涂上 UV 胶，取少量黄色米珠粘在上面，用紫外线灯照射固定。

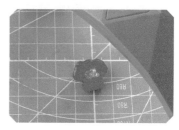

7 在大花片中间涂少量 UV 胶，与小花片花瓣错位粘贴起来，再用紫外线灯照射固定。

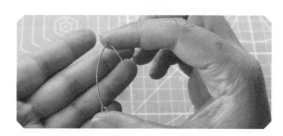

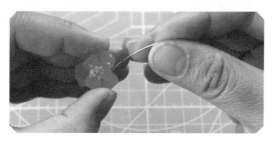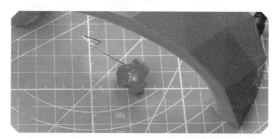

8 取一枚金属长耳钩，把耳钩的末端固定在涂有少量 UV 胶的花朵底部，同样用紫外线灯照射固定。山茶花耳钩就制作完成啦。

❋ 2.3.3 羽毛耳坠

材料及工具

彩铅、半透明热缩片、
开口圈、9字针、
O形链、金属耳钉配件、
琉璃珠、水滴珠、
剪刀、笔刀、锥子、
热风枪、3mm打孔器、
圆嘴钳、手工垫板

◎ 制作

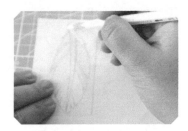

1 在半透明热缩片的磨砂面上
用白色彩铅勾画出羽毛。

2 用笔刀在热缩片上刻出羽毛
纹理。

3 用剪刀沿着羽毛的边缘将其剪下。

4 用3mm打孔器在羽毛根部
打孔。

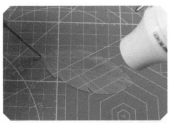
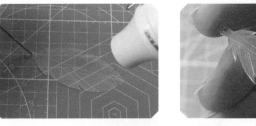

5 用锥子固定羽毛，用热风枪加热，让羽毛缩小但要平展。

6 取一枚开口圈，安装在羽毛
的打孔处。

7 用9字针串连一个琉璃珠，
再与刚才的开口圈连接在一起。

8 在一条O形链的一端连接
一个水滴珠。

9 将有水滴珠的 O 形链连接到琉璃珠上。

10 最后，再将整个部件连接到耳钉上，就完成羽毛耳坠的制作啦。

❋ 2.3.4 水仙戒指

材料及工具

UV 胶、彩铅、色粉、半透明热缩片、黄色米珠、金属戒指圈、亮片、紫外线灯、热风枪、剪刀、锥子、丸棒、海绵垫、棉团、手工垫板

◎ 制作

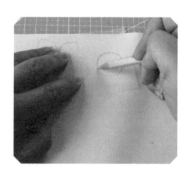

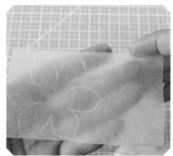

1 分别用白色和黄色彩铅在半透明热缩片的磨砂面上勾画出水仙花瓣和花蕊的轮廓。

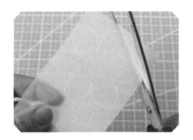 

2 用剪刀剪下花瓣和花蕊。

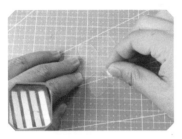  

3 用棉团蘸取白色色粉给花瓣涂上底色，再用绿色彩铅描绘花瓣的纹理。

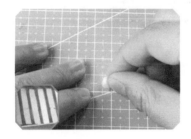 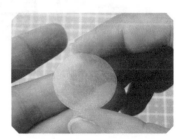

4 用棉团蘸取黄色色粉涂抹在花蕊部分。

5 用锥子固定花瓣，用热风枪将其加热缩小，注意缩小后的水仙花瓣要有些许上弯。

   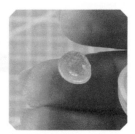

6 继续用热风枪加热花蕊，再把加热后的花蕊放在海面垫上用丸棒压成碗形。

7 用少量 UV 胶把花瓣和花蕊粘在一起，再用紫外线灯照射固定。

8 再在花蕊中间用 UV 胶粘上两颗黄色米珠。

9 把做好的水仙花底部涂上 UV 胶后粘到金属戒指圈上，再用紫外线灯照射固定。

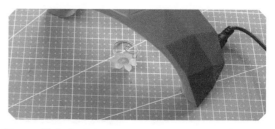

10 在花瓣表面涂少量 UV 胶，并用紫外线灯照射凝固。做出花瓣表面的光泽感。

11 继续在花朵表面涂少许亮片装饰水仙戒指。

12 最后，再次把 UV 胶均匀地涂抹在水仙花瓣的表面用以固定亮片，用紫外线灯固化后水仙戒指就制作完成啦。

✱ 2.3.5 勿忘我耳钉

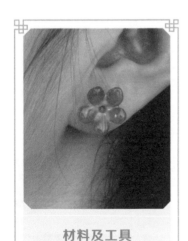

材料及工具

半透明热缩片、UV胶、彩铅、印台、金漆笔、金属耳钉、紫外线灯、热风枪、剪刀、锥子、棉团、手工垫板

○ 制作

1 在半透明热缩片的磨砂面上用蓝色彩铅勾画出勿忘我的轮廓。

2 用剪刀剪下勿忘我。

3 用白色印台涂抹勿忘我的中间部分，用蓝色印台涂抹花瓣的边缘，做出蓝白渐变的颜色效果。

4 在勿忘我的中心白色部分用金漆笔画一个圈。

5 用锥子固定勿忘我，用热风枪加热，缩小后趁热让花瓣自然上弯。

6 给金属耳钉涂上 UV 胶与花朵粘在一起，再用紫外线灯照射固定。

 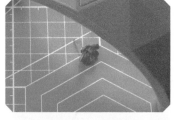 

7 最后，给花瓣正面涂上 UV 胶，用紫外线照射凝固，勿忘我耳钉的制作就完成了。

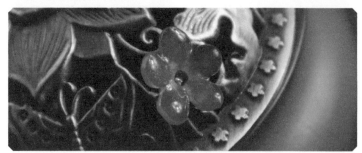

✳ 2.3.6 仿如意吊坠

材料及工具

彩铅、色粉、金漆笔、
半透明热缩片、珍珠、
0.6mm 金属线、瓜子
扣、开口圈、紫外线灯、
热风枪、剪刀、锥子、
3mm 打孔器、圆嘴钳、
剪线钳、棉团、平板、
手工垫板

○ 制作

1 在半透明热缩片的磨砂面上
用白色彩铅勾画出如意的图案。

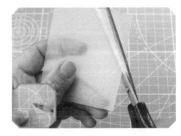

2 用剪刀剪下如意。

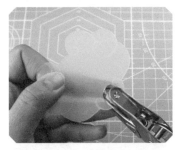

3 用金漆笔在半透明热缩片
未打磨的一面做打孔标记。

4 用 3mm 打孔器在标记位置
打孔。

5 沿着彩铅勾画的笔迹用金
漆笔再次描绘。

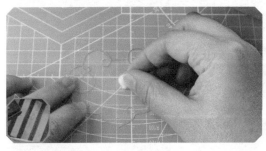

6 用棉团蘸蓝色色粉在如意的磨砂面均匀上色。

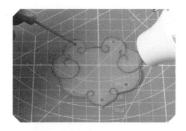 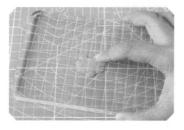 

7 用锥子固定如意用热风枪加热，等如意受热缩小后用透明平板压平。

8 用 0.6mm 金属线穿过珍珠，利用圆嘴钳和剪线钳等工具做成挂扣。

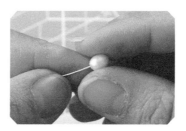 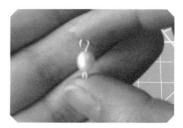

9 在珍珠挂扣的一端套上一枚开口圈，把珍珠挂扣安装在如意下方的打孔处，总共安三颗。

10 最后，在如意上方的两个孔洞处安装瓜子扣，就完成了仿如意吊坠的制作。

第二章

花开一世 物入一界
——入门级古风饰品制作

本章主要学习入门级古风饰品的制作。与第二章里的基础款饰品不同的是，本章案例在造型、元素选用和制作的饰品类型等方面，都有很大的突破，制作难度也相对大一些。但经过前面基础款饰品的制作练习，掌握了一定基础技法的你，再学习本章的入门级饰品就轻松很多了。

❋ 3.1 花开无声 耳饰芳香

本节以造型简单的耳饰为切入点，让大家对入门级的古风饰品制作有一个初步的了解。

3.1.1 铃兰耳钩

这款耳钩饰品，选用钟状外形的白色铃兰花为制作元素，与金属耳钩、串珠等配件串连组合而成。其造型精致小巧，色调清雅动人。

材料及工具

彩铅、半透明热缩片、色粉、9 字针、开口圈、0.6mm 金属线、金属耳钩、O 形链、锆石、水滴珠、热风枪、剪刀、3mm 打孔器、锥子、圆嘴钳、剪线钳、丸棒、海绵垫、棉团、手工垫板

○ 制作

1 在半透明热缩片的磨砂面上用白色彩铅勾画出铃兰花。

2 用剪刀沿着彩铅的笔迹剪下铃兰花。

3 用3mm打孔器在剪下的铃兰花中央打孔。

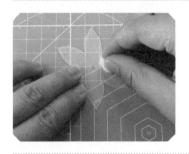

4 用棉团蘸取白色色粉涂在铃兰花上。

5 用锥子固定铃兰花后用热风枪加热。铃兰花缩小后趁热用丸棒在海面垫上将其按压成碗形。

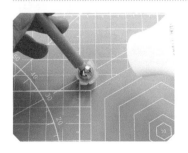

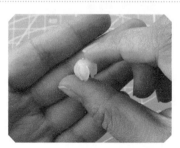

6 继续用热风枪给铃兰花塑形，直至满意。

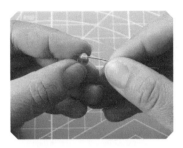  

7 用 0.6mm 金属线穿水滴珠，做成吊扣。

8 用开口圈将水滴珠和一段 O 形链连接在一起。

9 将 O 形链的另一端与 9 字针进行连接。

10 将上一步做好的 9 字针链条从花心穿过铃兰花的中心圆孔。接着再穿一颗锆石，再用圆嘴钳夹住 9 字针的一端弯曲，做出一个小圆圈，然后用剪线钳剪去多余部分。

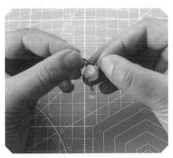

11 最后，用开口圈，把制作好的主体部件和金属耳钩连接。

3.1.2 莲花耳钩

选用粉色莲花元素制作的莲花耳钩，款式小巧，制作精美，整体造型简洁大方，灵动清雅。

材料及工具

彩铅、半透明热缩片、色粉、金属长
耳钩、9字针、水滴珠、莲蓬珠、金属线、
开口圈、热风枪、剪刀、丸棒、剪线钳、
圆嘴钳、锥子、3mm 打孔器、棉团、
手工垫板

○ 制作

1 在半透明热缩片的磨砂面上用白色彩铅勾画出莲花展开的花片。一大一小两片，分别为三瓣花瓣和五瓣花瓣。

2 用剪刀剪下两片的莲花花片。

3 将两个花片中心重叠，拿好，用 3mm 打孔器打孔。这样可以确保花片组合时是对称的。

4 用棉团蘸取粉色色粉由花瓣边缘向花片中间晕染，最中心留白。再用深粉色彩铅勾画出花瓣表面的纹理。

 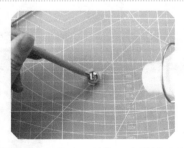 

5 用锥子固定花片，用热风枪加热缩小两个花片，趁热用丸棒辅助将花片做成碗形。

6 分别准备一枚水滴珠和莲蓬珠。将水滴珠穿入金属线做成吊扣。

  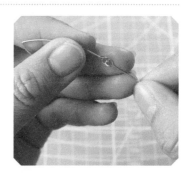

7 将9字针和金属长耳钩进行连接。

8 将9字针依次穿入莲蓬珠、小花片和大花片，在莲花花片底部用圆嘴钳将9字针的一端做成圆圈，然后再用剪线钳剪掉多余的部分。

9 最后，在莲花底部的圆圈上挂上一枚开口圈，与水滴珠吊扣相连，再闭合开口圈。莲花耳钩的制作就完成啦。

✳ 3.2 簪入青丝　梦遇红颜

头饰在古风饰品中是运用最广、最受人们喜爱的一类饰品，包括簪、钗、步摇、发梳等类型。本节选用款式比较简单的钗和簪两种头饰进行案例制作讲解，教大家如何制作入门级的古风头饰饰品。

✾ 3.2.1 樱花小发钗

樱花小发钗是粉红色的樱花和金属平头双股发钗组合而成，外观精致小巧，小小的一枚发钗戴于发间，让人显得灵动可爱。

材料及工具

UV胶、彩铅、半透明热缩片、色粉、
金属平头小发钗、金属花蕊、紫外线灯、
热风枪、剪刀、锥子、棉团、手工垫板

○ 制作

1 在半透明热缩片的磨砂面上用白色彩铅勾画出樱花。

2 用剪刀剪下樱花。

3 用蘸有粉色色粉的棉团均匀地给樱花上色。

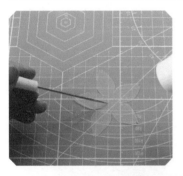

4 用锥子固定樱花，用热风枪加热。热缩后调整花瓣自然向上弯。

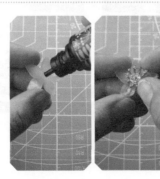

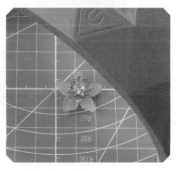

5 准备一枚金属花蕊，粘在涂有 UV 胶的樱花的中心位置，然后用紫外线灯照射固定。

6 拿一个金属平头小发钗，涂上 UV 胶粘在做好的樱花底部，用紫外线等照射固定。樱花小发钗就做好啦。

小提示：制作发钗的花卉选择

花卉，是制作发钗饰品最常用的元素，像樱花、绣球花、梅花等这类花朵比较圆润、饱满，是首选。这类花形的发钗的整体造型会比较美观。

在制作发钗时需注意，对于造型饱满、使用材质较重的饰品主体要选择偏大的发钗才能支撑，发钗的整体造型才会比较和谐；而用单朵比较圆润的花作为主体，就可以选用小钗。

发钗

小发钗

❊ 3.2.2 梨花小簪

梨花小簪，整体呈单枝梨花造型，制作精美，且花瓣和叶片上还凝结着少许水珠，仿佛一枝真实的梨花跃于眼前。

材料及工具

UV 胶、彩铅、马克笔、半透明热缩片、色粉、0.3mm 金属线、珠光粉、褐色绒线、紫外线灯、热风枪、剪刀、3mm 打孔器、锥子、剪线钳、笔刀、丸棒、棉团、手工垫板

○ 制作

1 分别用白色和绿色彩铅在半透明热缩片的磨砂面上勾画出梨花和叶片。

2 用剪刀剪下梨花和叶片。

3 用3mm打孔器在梨花的中心和叶子的底部打孔。

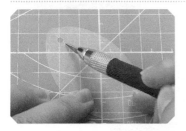

4 用笔刀刻出叶片表面的叶脉纹理。注意控制下刀的力度，避免刻穿叶片。

5 用棉团蘸取白色色粉给梨花上色。

6 选用绿色马克笔给叶片上色。

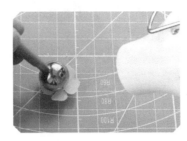

7 用锥子固定梨花，用热风枪加热，梨花缩小后趁热用丸棒将其塑造成碗形。

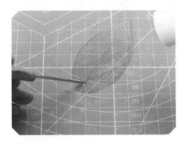

8 同样地，用热风枪把叶片加热缩小后用手去塑造叶片的自然卷曲。

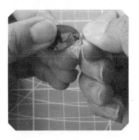

9 用0.3mm金属线穿过叶片的孔洞（穿过孔洞后再绕一圈）。然后把两股金属线拧成麻花状固定。

10 取0.3mm金属线在手指上绕圈，在圈的底部拧成麻花状固定（最终效果如图所示）。

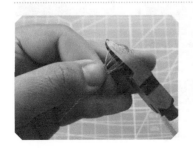

11 用剪线钳修剪金属线圈的顶端，做出花蕊的造型。

 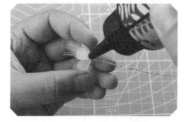 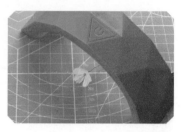

12 将做好的花蕊穿入梨花中心的孔洞。

13 用 UV 胶把花蕊与花朵粘在一起，再用紫外线灯照射固定。

  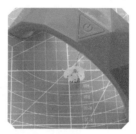 

14 取 UV 胶调和土红色珠光粉，用锥子将调好的色粉液体点在花蕊顶端，用紫外线灯照射凝固。

15 用褐色绒线缠绕金属线花枝，再将花朵和叶片组合捆绑，然后用 UV 胶固定（紫外线灯照射）。

16 最后，在花瓣表面和叶面滴上几滴 UV 胶，放在紫外线灯下照射凝固，做成水珠效果。梨花小簪就制作完成啦。

第四章

花开入坐 香染青丝
——古风头饰制作

在上一章，我们提到头饰是古风饰品里最受欢迎的一类，因此，本章专门讲解古风头饰的制作。根据难易程度，我们将古风头饰分为初级、中级和高级三个等级。大家一起制作不同难度且样式丰富的古风头饰吧！

❋ 4.1 初级古风头饰制作

本节讲解初级古风头饰的制作。初级的头饰，造型简单，使用的造型元素容易表现，颜色表现也较为单一，最终的效果简洁美观。

✳ 4.1.1 竹叶发夹

竹叶发夹，选用外形简单的竹叶枝作为制作元素，翠绿的竹叶搭配金属发夹，给人一种带有清新气质的高贵感觉。

材料及工具

UV 胶、彩铅、马克笔、半透明热缩片
金属发夹、金属线、金属配件、绿色绒线、
紫外线灯、热风枪、剪刀、笔刀、
剪线钳、锥子、3mm 打孔器、手工垫板

○ 制作

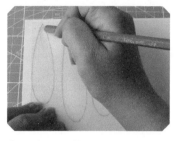

1 在半透明热缩片的磨砂面上用绿色彩铅勾画出大小不一的竹叶的轮廓。

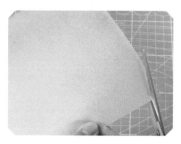

2 用剪刀剪下竹叶。

3 用笔刀在竹叶上刻出表面的纹理。

4 用绿色马克笔给竹叶均匀涂色。

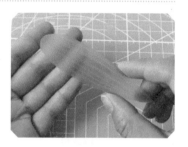

5 用3mm打孔器在竹叶的根部打孔。

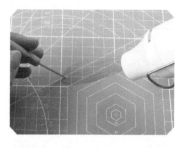

6 用锥子固定竹叶，用热风枪加热缩小，趁热让竹叶呈自然后弯的形态。

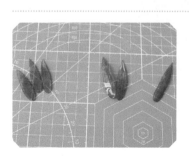

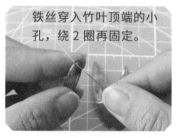

铁丝穿入竹叶顶端的小孔，绕2圈再固定。

7 如图所示，做出三片小竹叶，两片中等大小的竹叶和一片大竹叶。并用金属线穿过全部小孔绕两圈，将金属线扭成麻花状固定。

8 把竹叶枝按从小到大的顺序排列，用绿色绒线捆绑缠绕在一起。绒线的尾部用 UV 胶粘住（紫外线灯照射固定）。

9 用剪线钳剪掉多余的金属线头，再在竹叶枝的底端涂少许 UV 胶，用紫外线灯照射固定。

10 根据竹叶枝最后固定的位置，用剪线钳剪掉金属发夹多余的部分。

11 最后，将竹叶枝用少量 UV 胶粘在金属发夹上，紫外线灯照射固定，就完成制作了。

4.1.2 玉兰簪

玉兰花开时造型饱满、美观，以其为元素制作而成的玉兰发簪，体现了佩戴者优雅的气质。

材料及工具

UV 胶、彩铅、半透明热缩片、色粉、
0.6mm 金属线、金属簪棒、褐色绒线、
紫外线灯、热风枪、剪刀、3mm 打孔器、
圆嘴钳、剪线钳、棉团、手工垫板

● 制作

1 在半透明热缩片的磨砂面上用白色彩铅勾画出玉兰花的轮廓。一大一小两朵玉兰花。

2 拿剪刀剪下玉兰花。

3 用 3mm 打孔器在两片玉兰花花片的中心打孔。

4 用蘸有粉色色粉的棉团由花片中心往外涂抹上色至花瓣的三分之二处。

上色范围

5 用圆嘴钳将 0.6mm 金属线做出一个圈，再将金属线的两端用拧麻花的手法固定。

6 在小花片中心孔穿入上一步制作好的金属圈，然后用热风枪加热。花片缩小后趁热让花瓣合拢。

7 把热缩后的花片花苞穿入外层大花片孔中。用热风枪加热大花片，使其受热缩小后再塑形包住小花片做成的花苞。

8 用褐色绒线均匀缠绕露出的金属线，再用 UV 胶固定收尾（紫外线灯照射固定）。最后用剪线钳剪断多余部分。

9 最后，用褐色绒线把花枝缠绕在簪棍上，并用 UV 胶再次固定（紫外线灯照射）。调整玉兰簪造型后就完成制作了。（说明：这里让花枝斜插出去是为了营造一种自然生长、生动有趣的画面效果。）

✳ 4.1.3 灯笼步摇

灯笼步摇，选用灯笼果为制作元素，将其连接在点缀着各种串珠的长长的金属链上，并悬挂在簪棒顶端 当步履轻移，步摇在发间一晃一摇，画面十分灵动。

材料及工具

UV 胶、彩铅、色粉、半透明热缩片、金属簪棒、9 字针、开口圈、圆形天然石、锆石、菱形锆石、O 形链、0.6mm金属线、水滴珠吊坠、紫外线灯、热风枪、剪刀、3mm 打孔器、圆嘴钳、剪线钳、锥子、棉团、手工垫板

○ 制作

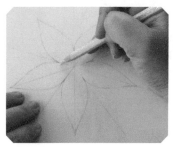

1 在半透明热缩片的磨砂面上用黄色彩铅勾画出灯笼果的轮廓。

2 用剪刀剪下灯笼果。

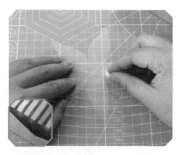

3 用3mm打孔器在图形中间打孔。

4 用棉团蘸取黄色色粉给灯笼果涂抹上色。而在花瓣边缘要用少量橘色色粉过渡。

5 用9字针穿过花片中心的孔洞。

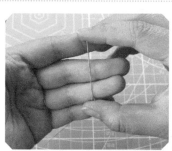

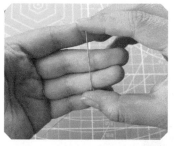

6 用圆嘴钳夹住9字针，等在热风枪加热缩小花片后，趁热将花瓣用手指捏拢，形成一个圆润的小果子形。

7 用 0.6mm 金属线穿过圆形天然石做成吊扣。可以多做几个。

8 用 9 字针穿入锆石，并将 9 字针的一端用圆嘴钳弯出圆圈。做成吊扣。

9 在灯笼果的 9 字针上方穿入菱形锆石。用圆嘴钳将 9 字针一端弯出圆圈，用剪线钳剪断多余的部分。

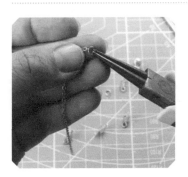

10 取一段 O 形链，其中一端挂上水滴珠吊坠，另一端用开口圈连接金属簪棒上的小孔。

11 在灯笼果上连接圆形天然石吊扣和锆石吊扣。

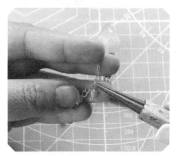

12 最后，将连着灯笼果的锆石吊扣挂到金属簪棒的小孔上，再把做好的圆形天然石吊扣一一挂在O形链的底端那一段，完成灯笼果步摇的制作。

✳ 4.2 中级古风头饰制作

本节讲解中级古风头饰的制作。中级头饰，选用了一些有难度的制作元素，增加了细节制作，因而饰品最终呈现的效果也都比较精美、大气，呈现的古典气韵也更加浓厚。

✳ 4.2.1 白梅发夹

白梅发夹，以白色的梅花为制作元素。作品以较为复杂的工艺和不同配件之间的搭配组合，展现出一幅梅花初开时的景象。

材料及工具

UV胶、彩铅、半透明热缩片、色粉、金属发夹、金属花蕊、0.3mm金属线、异形捷克玻璃珠、圆形天然石、锆石、水滴珠、紫外线灯、热风枪、剪刀、圆嘴钳、剪线钳、锥子、棉团、手工垫板

◯ 制作

1 在半透明热缩片的磨砂面上用白色彩铅勾画出梅花的轮廓。

2 用剪刀剪下梅花。修剪每片花瓣的连接位置时要小心，避免撕裂。

3 用棉团蘸取少量黄色色粉涂抹在梅花的中心，并逐级稍微向花瓣边缘过渡。

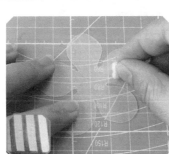

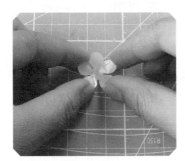

4 用锥子固定梅花，用热风枪加热缩小后让花瓣自然上弯，形成自然的梅花造型。

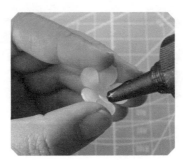

5 准备一枚金属花蕊。在梅花的中心涂上 UV 胶，并粘上金属花蕊。用紫外线灯照射固定。

6 用同样的做法，做出另一朵
梅花。

7 准备一枚带有花纹的金属发夹，在如图所示位置，用剪线钳修剪其样式。

8 把两朵梅花粘在涂有 UV 胶的金属发夹的中间，用紫外线灯照射固定。注意两朵梅花不要固定在相同的角度，会显得比较死板，要有一上一下的错落美感。

9 准备各种形状的捷克玻璃珠、水滴珠和锆石。首先将水滴珠用 0.3mm 金属线穿过，采用扭麻花的方式固定。

10 在"麻花"的中间位置，穿上一颗锆石，用 UV 胶固定（紫外线灯照射）。

11 继续用 0.3mm 金属线穿过用一颗圆形天然石。这个案例，我们用圆形天然石做小花苞，可以多做一些。

 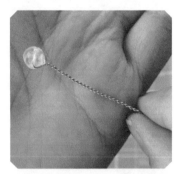

 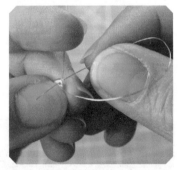 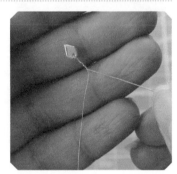

12 把准备好的不同大小的捷克玻璃珠，同样用 0.3mm 金属线以扭麻花的方式固定。

 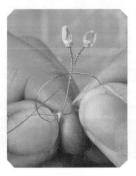  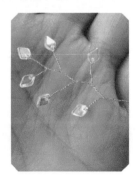

13 在上一步的基础上继续将固定有玻璃珠的 0.3mm 金属线穿梭、缠绕，最终扭成错落有致的树枝状。

14 将穿好的各种串珠错落排列组合成一束，各串珠的金属线相互缠绕、固定，再用剪线钳修剪末端。

 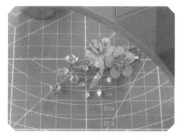 

15 将做好的串珠来粘在花朵下方，尽量用梅花去遮住串珠束根部的金属线，以免影响发夹整体的美观。

   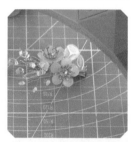

16 最后，在发夹的顶部粘一些片状的捷克玻璃珠做装饰。同时也可以遮住发夹与梅花花片黏合的地方，让发夹整体显得更加美观精致。

❋ 4.2.2 天竺葵发簪

天竺葵发簪用天竺葵为制作元素，粉红色的天竺葵花枝向四周伸展，使发簪簪首丰满紧凑、色彩艳丽，非常适合个性突出的女性佩戴。

材料

UV 胶、半透明热缩片、彩铅、色粉、金属簪棒、0.3mm 金属线、彩色天然珍珠、银色米珠、枣形捷克玻璃珠、褐色绒线、紫外线灯、热风枪、剪刀、U 形剪、笔刀、3mm 打孔器、剪线钳、锥子、棉团、手工垫板

○ 制作

1 在半透明热缩片的磨砂面上用白色彩铅勾画出天竺葵的轮廓。

2 拿剪刀剪下热缩片上的天竺葵图形。

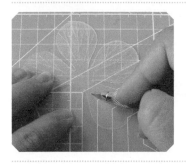 

3 用笔刀刻出天竺葵的花瓣纹理。

4 在花朵的中心用 3mm 打孔器打孔。

5 用棉团蘸取粉色色粉给花朵上色。注意加深花朵中心及花瓣边缘部分的颜色。

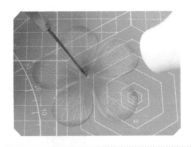

6 用锥子固定花片，在热风枪加热缩小后用手把花瓣弯成碗形。

7 拿 0.3mm 金属线串银色米珠，并扭成麻花状固定。要多做一些。

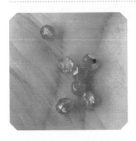

8 把有米珠的金属线依次穿入枣形捷克玻璃珠和花朵，用 UV 胶粘住，紫外线灯照射固定。用同样的方法做出十朵左右的天竺葵花。

9 继续把有米珠的金属线穿入彩色天然珍珠内，用 UV 胶固定（紫外线灯照射），做成小花苞。做出五六颗即可。

10 准备一根金属簪棒。用褐色绒线把花朵束呈球状，绑在簪棒上。再把做好的珍珠枝条缠在花束的底部。

11 用剪线钳剪断发簪底部多余的金属线，再用绒线缠绕，完全遮住后滴上 UV 胶固定（紫外线灯照射）。

12 最后，用 U 形剪修剪绒线线头，用手指稍微调整发簪的各部件形状，就完成了天竺葵发簪的制作。

✳ 4.2.3 栀子蓝雪花发梳

栀子蓝雪花发梳选用了淡雅的栀子花和淡雅的蓝雪花为制作元素。头饰以栀子花为主,蓝雪花为辅,组合在金属四齿发梳配件上,造型大气雅致,给人一种纯洁高雅和温润清凉之感。

材料及工具

UV胶、彩铅、马克笔、半透明热缩片、色粉、金属四齿发梳、0.3mm金属线、金色米珠、绿色绒线、紫外线灯、热风枪、剪刀、U形剪、笔刀、3mm打孔器、圆嘴钳、剪线钳、锥子、棉团、手工垫板

⭕ 制作

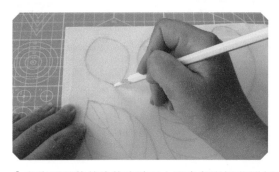

1 在半透明热缩片的磨砂面上用白色彩铅分别勾画出栀子花和蓝雪花的花瓣、叶片的轮廓。

2 用剪刀剪下各花片和叶片。

3 用 3mm 打孔器分别在花朵的中心和单片花瓣与叶片的底部打孔。

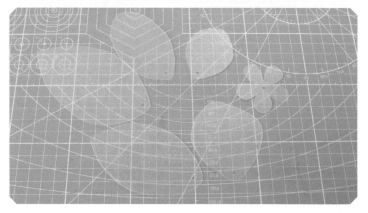

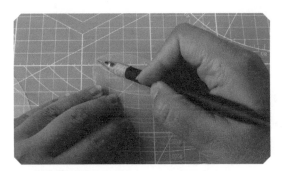 

4 用笔刀刻出叶片表面的叶脉纹理。 5 用绿色马克笔给叶片上色。

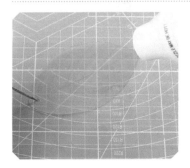 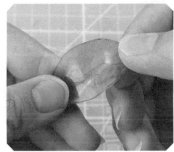 

6 用锥子固定叶片后用热风枪加热，趁热将缩小后的叶片根部和叶尖沿中线稍微往上翻，捏出叶片自然弯曲的形态。

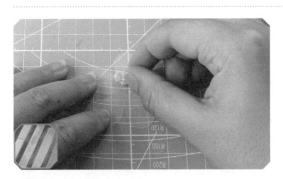 

7 用棉团蘸取蓝色色粉给花朵上色。 8 用紫色彩铅在花朵的花瓣上轻轻画一道中线。

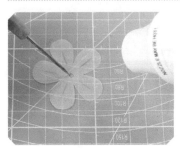  

9 用锥子固定花朵用热风枪加热，将花朵加热缩小后调整其造型，让花瓣向下弯曲。

 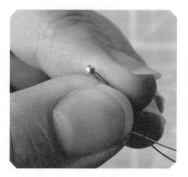 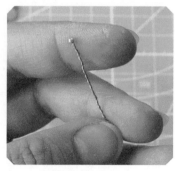

10 将金色米珠穿入 0.3mm 金属线，将金属线扭成麻花状，栀子花的花蕊就做好了。

11 将串有米珠的金属线穿过蓝色小花中心的孔洞内，再涂少量 UV 胶，用紫外线灯照射固定。完成蓝雪花单朵花朵的制作。

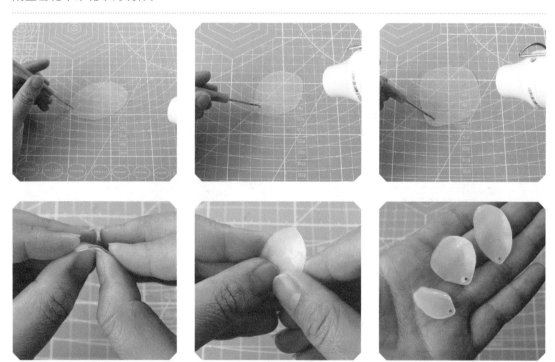

12 将三种形状的栀子花花瓣分别用热风枪加热热缩，缩小后趁热用手塑花瓣外形，使其向内凹。给花瓣塑形时要注意，花瓣越小，内凹弯曲的幅度就要越大。

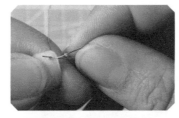

13 所有花瓣用 0.3mm 金属线穿孔。金属线绕两圈后用圆嘴钳拉紧，再扭成麻花状固定。

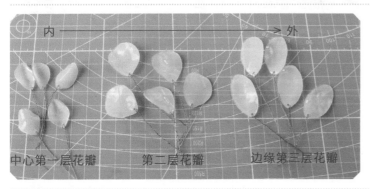

内 ──────────→ 外

中心第一层花瓣　　第二层花瓣　　边缘第三层花瓣

14 如图所示，三种花瓣各准备 5 片。

15 下面开始组合花朵。中心第一层花瓣是最小的五片花瓣，围成圈后用绿色绒线固定。第二层圆形花瓣用错位叠加的方式捆绑在中心花瓣的周围。边缘的第三层花瓣用同样的方式捆绑固定。

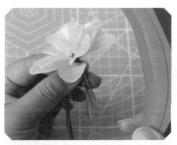

16 将所有花瓣绑好后，在绒线捆绑的位置涂上 UV 胶，用紫外线灯照射固定。

17 同样做出穿有金属线的叶片。用绿色绒线依次绑在白色花朵的下面。

18 将绿色绒线尾部用 UV 胶粘住（紫外线灯照射）。再用 U 形剪修剪多余线头，剪线钳修剪末端金属线。

19 如图所示，做好蓝色小花大约八朵（花朵越多花形越饱满），错落组合后用绒线缠绕成一束。将绿色绒线尾部用 UV 胶固定（紫外线灯照射）。

20 同样用 U 形剪和剪线钳修剪花束的底端，同时调整花形。

21 用 UV 胶把栀子花花朵的茎部粘在四齿发梳上。注意留出一侧位置用来固定栀子花花束。

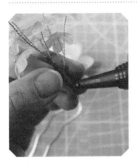   

22 最后，在栀子花花束的茎部涂 UV 胶粘在蓝雪花花朵的茎部，调整花束位置，把黏合部位遮住。待用紫外线灯照射固定后，栀子蓝雪花发梳的制作就完成了。

✳ 4.3 高级古风头饰制作

本节讲解高级古风头饰的制作。本节案例使用元素较多，制作工艺复杂精细，许多细节在制作时要格外注意。

✲ 4.3.1 杏花簪

杏花簪，选取粉红色的杏花为制作元素，再现了杏花盛开时与含苞待放时的两种形态。花朵与花苞相互簇拥在簪首，繁花丽色，使杏花簪整体显得别致夺目。

材料及工具

UV 胶、彩铅、半透明热缩片、色粉、金属簪棒、金属装饰配件、0.3mm 金属线、金色天然珍珠、半孔水滴珍珠、圆形天然石、半圆捷克玻璃珠、黄色珠光粉、鱼线、褐色绒线、紫外线灯、热风枪、剪刀、剪线钳、圆嘴钳、锥子、3mm 打孔器、小笔刷、棉团、手工垫板

● 制作

1 在半透明热缩片的磨砂面上用白色彩铅勾画出杏花的花瓣轮廓，用绿色彩铅勾画出花萼轮廓。画一大一小两朵杏花。

2 用剪刀将杏花剪下。

  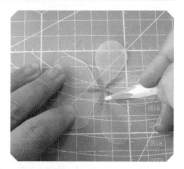

3 花萼部分用绿色和褐色彩铅上色，注意渐变效果。再用白色彩铅加强花瓣边缘颜色，和花萼部分的颜色进行区分。

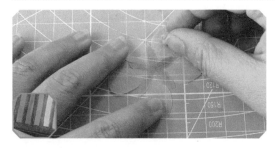 

大花片颜色浅　　小花片颜色深

4 用棉团蘸取粉色色粉，沿着花瓣边缘向花瓣内晕染。此处要注意，偏大的花朵颜色要浅一些，偏小的花朵颜色要深一些。

5 用 3mm 打孔器在杏花花片的中心打孔。

6 用锥子固定大花片,用热风枪加热。花片缩小后趁热让其形成花瓣自然上弯的形态。

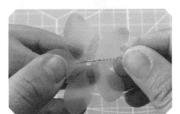  

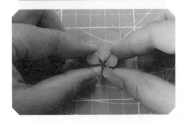 

7 在小花片的孔洞内穿入用 0.3mm 金属线扭成的麻花,注意将金属线扭麻花时要在折叠端留出一个圈。用热风枪将小花片加热缩小,趁热时用手指将小花片花瓣捏拢做成花苞形态。

 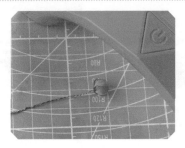 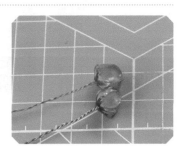

8 在花苞的尾部涂少量 UV 胶,用紫外线灯照射固定。用同样的方法做出另一个花苞。

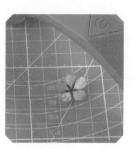

9 给整个大花片的背面、正面涂上 UV 胶，用紫外线灯照射凝固。

10 用金属线缠绕鱼线圈，并扭成麻花状固定，拿剪线钳将鱼线的离固定点最远的地方剪开。

11 调整鱼线整体造型，让鱼线向四周自然散开呈放射状。在鱼线底部用 UV 胶粘一颗半圆捷克玻璃珠，用紫外线灯照射固定，杏花花蕊就初步制作就完成了。

12 把前面做好的花蕊穿入杏花花片中心的孔洞中，再用 UV 胶把花蕊下方和花片粘在一起固定住（紫外线灯照射）。接着将花蕊用剪刀修剪到合适长度。

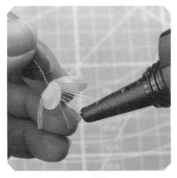  

13 在花蕊的顶端滴上 UV 胶，用紫外线灯照射凝固，一朵盛开的杏花就完成了。

14 胶干后，用小笔刷在花蕊上刷上少量黄色珠光粉。用同样的方法做出几朵杏花。

15 将扭成麻花状的金属线穿上金色天然珍珠。并用 UV 胶将珍珠固定在顶端（紫外线灯照射），用珍珠做成一些小花苞。

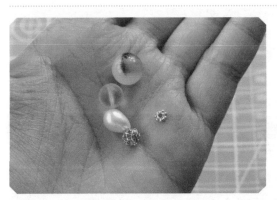 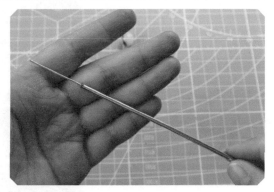

16 准备一些不同大小的圆形天然石、金属装饰配件和半孔水滴珍珠，还有一根金属簪棒。

17 把上述各配件按如图所示的顺序，依次穿上簪棒并粘到簪棒顶部的细棍上。然后在簪棒的顶端安上半孔水滴珍珠，再用紫外线灯照射凝固（上述的固定各配件均用到滴胶）。注意：配件的选择和搭配，不必严格按此，只要整体造型错落有致即可。

18 用褐色绒线分别把杏花花苞、杏花和珍珠小花苞组合到一起，再固定在簪棒上，然后用 UV 胶固定（紫外线灯照射）。

19 最后，在剪线钳剪掉多余的金属线头后用褐色绒线包裹住底端，用滴胶粘住，紫外线灯照射固定，再用剪刀剪去线头。略微调整整体造型，就完成杏花簪的制作了。

4.3.2 婆婆纳发梳

婆婆纳发梳头饰，选用蓝色的婆婆纳为制作元素。婆婆纳株型矮小，花开时非常美丽，以其造型搭配各类串珠与发梳组合而成的婆婆纳发梳头饰，精美、典雅。

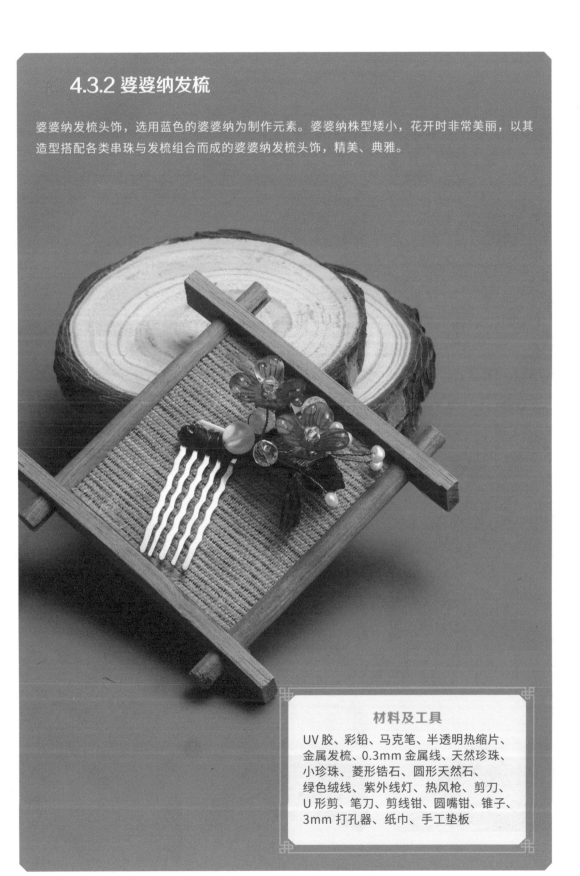

材料及工具

UV胶、彩铅、马克笔、半透明热缩片、金属发梳、0.3mm金属线、天然珍珠、小珍珠、菱形锆石、圆形天然石、绿色绒线、紫外线灯、热风枪、剪刀、U形剪、笔刀、剪线钳、圆嘴钳、锥子、3mm打孔器、纸巾、手工垫板

⚪ 制作

1 在半透明热缩片的磨砂面上用蓝色彩铅勾画出婆婆纳花朵轮廓，用绿色彩铅勾画出叶片轮廓。都各多画一些。

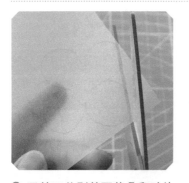  

2 用剪刀分别剪下花朵和叶片。

3 用笔刀刻出花瓣和叶片表面的纹理。

4 用 3mm 打孔器在花朵的中心和叶片的根部打出孔洞。

  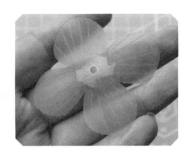

5 用蓝色马克笔给花瓣上色。用纸巾轻轻擦掉浮色。

6 用紫色彩铅沿着花瓣上刻出的纹理勾画花瓣纹路。

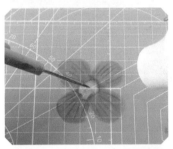 

7 用锥子固定花朵，用热风枪加热。花朵缩小后趁热让其花瓣成自然上弯的形态。

8 叶片部分用绿色马克笔均匀涂色。

 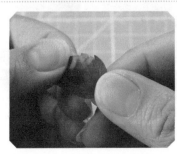 

9 同样用锥子固定叶片，用热风枪加热。叶片缩小后趁热让其成自然后弯的形态，用手指稍微调整塑形。

10 用 0.3mm 金属线穿过叶片孔洞并缠绕两圈，用圆嘴钳扯紧，再将金属线扭成麻花状。

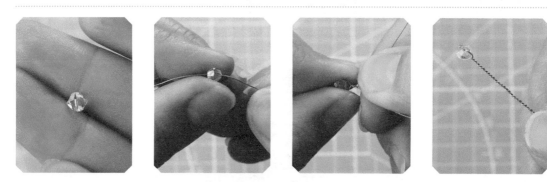

11 用 0.3mm 金属线穿过菱形锆石，并扭成麻花状固定，做成花蕊的形状。

12 将制作好的花蕊穿过花朵中心的孔洞，用 UV 胶固定（紫外线灯照射）。再用同样方法做出其余的花朵。

13 准备一些不同大小的圆形天然石和小珍珠。

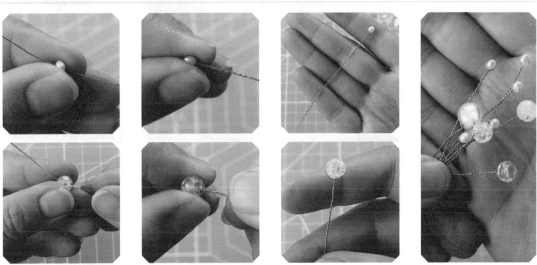

14 用 0.3mm 金属线穿过每颗珠子并扭成麻花状固定。

15 如图所示，准备穿好的串珠若干、小叶片三支、大叶片两支和婆婆纳花两支。

16 用绿色绒线缠绕组合一组花朵和叶片，线头处用 UV 胶粘合，用紫外线灯照射固定再剪去线头。

17 把剩下的叶片、花朵用同样的方法组成另一束。这里制作了两束单独的小花束，目的在于方便最后的整体组合。

18 用绿色绒线将其中一束小花和几支小串珠缠绕在一起后，再与另一束小花进行组合。组合时注意要错落排列。

19 在绒线的收尾处用 UV 胶粘合，紫外线灯照射固定后用 U 形剪剪断线头。

20 调整花形，用剪线钳剪断花束尾部的金属线。

21 在花朵和叶片的表面滴上一些 UV 胶制作水珠效果，用紫外线灯照射凝固。

22 准备一个金属小发梳，用 0.3mm 金属线穿过上面的小圆孔，将其和花束捆绑在一起。捆绑过程中可以用圆嘴钳扯紧金属线来固定。

23 最后，反复缠绕金属线进行固定，收尾后用剪线钳剪断线头。调整婆婆纳发梳的整体形态，完成制作。

✳ 4.3.3 绣球步摇

绣球步摇，由热缩片制作的绣球花的花、叶搭配金属 U 形发钗与金属流苏片组合而成。绣球步摇结构丰富，钗首部分的绣球花造型饱满，清爽淡雅；下垂的金属流苏片随人走路摆动自然摆动，生机灵动。

材料及工具

UV 胶、彩铅、色粉、半透明热缩片、金属 U 形发钗、金属流苏片、0.3mm 金属线、0.6mm 金属线、开口圈、菱形锆石、圆形天然石、银色米珠、绿色绒线、紫外线灯、热风枪、剪刀、U 形剪、笔刀、3mm 打孔器、剪线钳、圆嘴钳、锥子、棉团、手工垫板

⚪ 制作

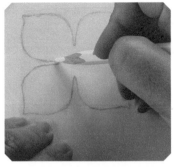

1 在半透明热缩片的磨砂面上用白色彩铅勾画出绣球花的花朵和叶片轮廓。

2 用剪刀剪下花朵和叶片。

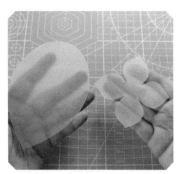

3 用剪刀在叶片边缘修剪出锯齿。

4 用笔刀刻出花瓣的表面纹理。

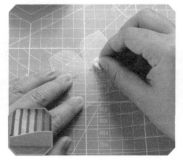

5 用3mm打孔器在花朵中心打孔后，用棉团蘸取蓝色色粉从花瓣边缘向花朵中心晕染上色。

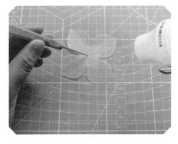  

6 拿锥子固定花朵，用热风枪加热。花朵缩小后，用手将花瓣捏出自然向上弯曲的形态。用同样方法做出七个花朵。

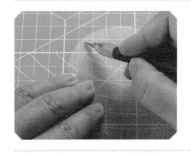 

7 用笔刀刻出叶片表面的叶脉纹路。

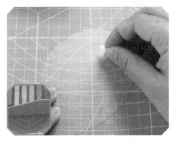 

8 用棉团蘸取绿色色粉给叶片上色。叶片的上色可以用深浅不同的绿色去晕染。

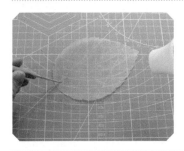 

9 用热风枪加热叶片。待其缩小后，稍微向下弯曲。

10 准备菱形锆石和各种大小的圆形天然石。用0.3mm金属线穿过菱形锆石，并扭成麻花状固定。这是花蕊。

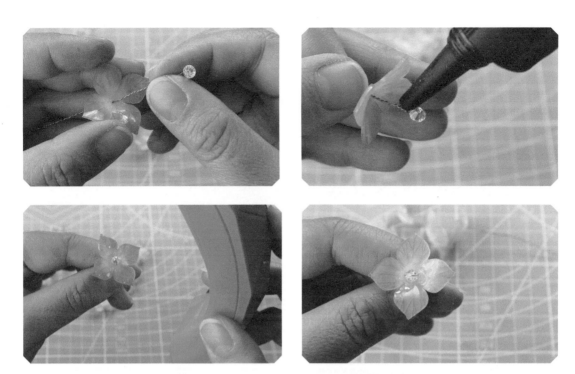

11 将花蕊穿入花朵中心的孔洞，再涂少量 UV 胶，用紫外线灯照射固定。

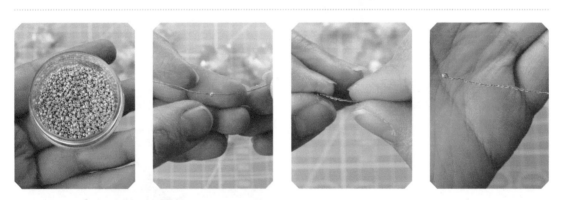

12 用 0.3mm 金属线穿过银色米珠，并扭成麻花状固定。

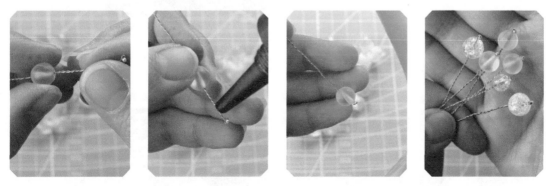

13 再将上步的金属线穿过剩下的圆形天然石，涂上 UV 胶，紫外线照射固定。

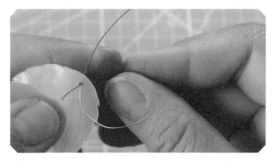 

14 将 0.3mm 金属线在叶片上的孔洞内穿过两次后，扭成麻花状固定。

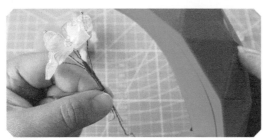

15 用绿色绒线将几朵绣球花和穿好的圆形天然石缠绕在一起。花束尾部用 UV 胶粘住，紫外线灯照射固定后用 U 形剪剪断绒线线头。

 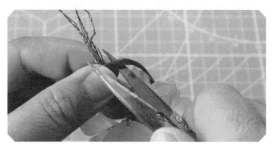

16 再将剩余的绣球花片和穿好的圆形天然石用绿色绒线捆绑固定在做好的小花束上，最后装上叶片。接着用 UV 胶粘住尾线固定（紫外线灯照射），再剪断多余线头即可。注意整个花形要做成半球状。

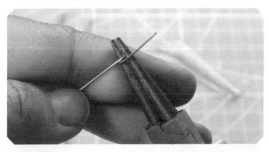
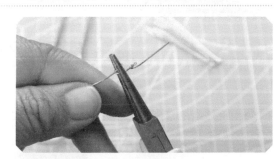

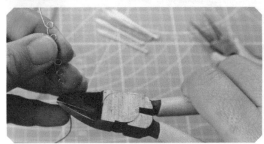

17 将 0.6mm 金属线用圆嘴钳做成六个间距相同、并排的圆圈，再用剪线钳修剪金属线长度。

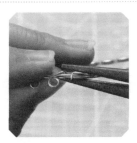

18 先把做好的金属线圈贴合好金属 U 形发钗的顶部幅度，再将线圈的两端固定在 U 形钗顶部的正中间。

19 准备 6 个金属流苏片，用开口圈分别连接在金属线的 6 个圆圈上。

 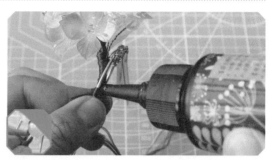

20 最后，将组合好的花束调整位置后用绒线捆绑固定在发钗上，接着用 UV 胶加固，待用紫外线照射固定后剪断线头，完成绣球步摇的制作。

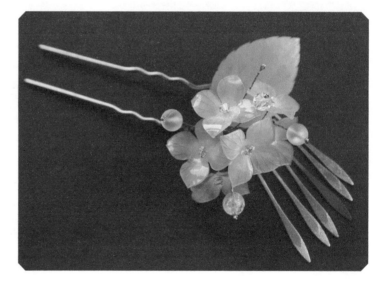

第五章

花开似梦 身染幽香
——其他类型的古风饰品制作

本章中制作的古风饰品，主要是一些除头饰、耳饰以外的，佩戴在其他部位的饰品，包括胸针、吊坠、手镯以及压襟等。经过本章的学习后，相信大家对各类古风饰品的制作都会有一个大致的了解了。

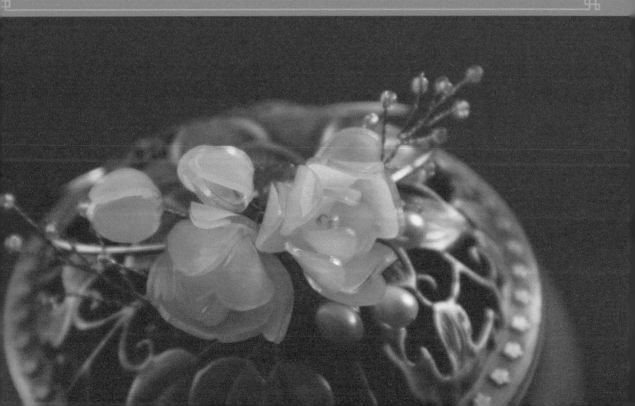

胸针是佩戴在上衣胸部位置的饰品。佩戴胸针不仅装饰了服饰，也可以让佩戴者突显优雅气质。

5.1.1 蝴蝶兰胸针

蝴蝶兰胸针用金属胸针配件作为胸针底托，搭配由热缩片制作的蝴蝶兰，整体造型简洁大方，淡雅迷人。在制作时，要注意蝴蝶兰的特殊外形表现，这是蝴蝶兰胸针制作的难点。

材料及工具

UV 胶、彩铅、半透明热缩片、色粉、金属胸针配件、0.6mm 金属线、菱形钻石、水滴珠、气泡珠、紫外线灯、热风枪、剪刀、笔刀、镊子、圆嘴钳、剪线钳、锥子、棉团、手工垫板

⚪ 制作

1 在半透明热缩片的磨砂面上用白色彩铅勾画出蝴蝶兰的轮廓。三瓣的外层花瓣画在一起，两瓣的内层花瓣和花蕊画在一起。

2 用剪刀剪下蝴蝶兰。在不方便用剪刀修建的细节部分建议使用笔刀裁切，避免热缩片撕裂。

3 用棉团蘸取白色色粉涂抹在三瓣的外层花瓣的磨砂面边缘部分，再用粉色彩铅勾画花瓣表面的纹理。

4 接下来给内层花瓣上色。先用棉团蘸取白色色粉涂抹花瓣部分，花蕊部分用深粉色色粉晕染，衔接部分用黄色色粉上色。

花瓣白色　中间黄色

花蕊深粉色

5 同样用粉色彩铅在蝴蝶兰内侧的花瓣表面勾画出纹理。

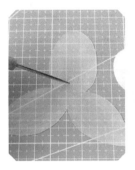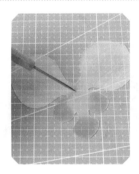

6 先用锥子固定花片，再用热风枪加热，等花片缩小后用手去给花片塑形。最终如图所示。

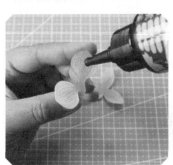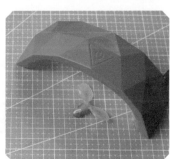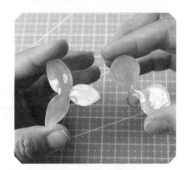

7 分别给两个花片的表面都涂上 UV 胶，用紫外线灯照射凝固后花片表面会产生自然的光泽。

  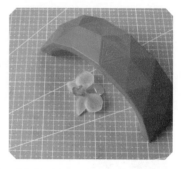

8 在蝴蝶兰外层花片的中心位置涂上 UA 胶，与内层花片粘在一起（紫外线灯照射固定）。注意两片花的摆放位置。

9 接下来准备一颗菱形锆石、一颗水滴珠和一枚金属胸针配件。

  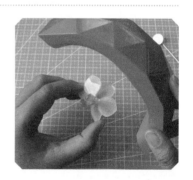

10 在蝴蝶兰朵中心粘上菱形锆石，做花心的装饰。

11 将水滴珠穿入 0.6mm 金属线固定，再把金属线的另一端做成圆圈造型。

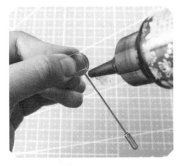  

12 把做好的水滴珠线圈用 UV 胶粘贴固定在金属胸针配件上（紫外线灯照射）。

13 再用 UV 胶将蝴蝶兰花朵粘在水滴珠线圈的上面，一同固定在金属胸针配件上，用紫外线灯照射固定。

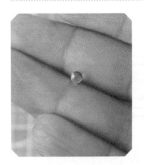   

14 最后，在花瓣上用 UV 胶粘一颗气泡珠做装饰。蝴蝶兰胸针的制作就完成啦。

5.1.2 金露梅胸针

金露梅胸针用金属圆环胸针配件作胸针底托，其上缠绕着金露梅的花、叶、果实等元素，整体布局合理，造型饱满，绚丽多彩。

材料及工具

UV胶、彩铅、马克笔、半透明热缩片、黄色珠光粉、金属圆环胸针配件、0.3mm金属线、金色米珠、白色气泡珠、草莓晶圆珠、紫外线灯、热风枪、剪刀、锥子、3mm打孔器、棉团、手工垫板

○ 制作

1 在半透明热缩片的磨砂面上用黄色彩铅勾画出花朵的轮廓，用绿色彩铅勾画出花萼和叶片的轮廓。

2 用剪刀分别剪下花朵、花萼与叶片。

3 用 3mm 打孔器在花萼的中心打孔。

4 用绿色马克笔给花萼和叶片上色。

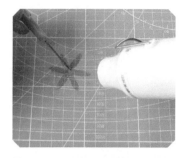

5 用锥子固定花萼，用热风枪加热。花萼缩小后用手让其所有尖角成向上姿态。

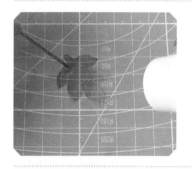

6 同样用热风枪把叶片加热缩小将热缩后的叶片用手指塑形，让小叶片稍微上弯。

7 给叶片表面均匀涂上 UV 胶，用紫外线灯照射凝固。再用同样的方法做出余下的叶片。

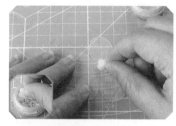

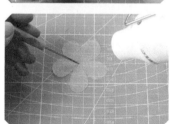

8 用棉团蘸取黄色珠光粉均匀涂抹在花朵上。用热风枪将花朵加热缩小，用手让花瓣自然上弯。

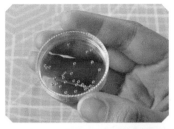

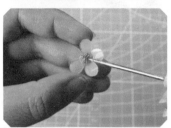

9 在花朵中心放入适量金色米珠后滴入 UV 胶，用锥子调整米珠位置后用紫外线灯照射固定。

10 在花朵表面涂少量 UV 胶，再用紫外线灯照射凝固。用同样的方法做出余下的花朵。

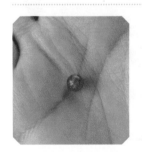

11 取出草莓晶圆珠，用 0.3mm 金属线穿过，并扭成麻花状固定。

12 在花萼中间涂少量 UV 胶，将草莓晶穿入孔洞的同时粘住，用紫外线灯照射固定。再用同样方式做出其他小花苞。

13 如图所示，做出两个花苞、三朵花和五枚叶片。再准备一枚金属圆环胸针配件。

14 将两个花苞以上下错开的位置用 UV 胶粘在圆环胸针配件上。

15 在花苞根部的下方依次用 UV 胶粘上两个花朵，在上方空白处粘剩下的一朵，用紫外线灯照射固定。

16 在叶片根部涂少量 UV 胶，将叶片依次粘在花朵的底部，尽量把涂胶的部位遮住。

17 用锥子蘸取少量 UV 胶涂在花瓣和叶片的适当位置。

18 拿出白色气泡珠，粘在花瓣和叶片上涂有 UV 胶的位置，作为水珠。这样，金露梅胸针的制作就完成啦。

吊坠、手镯、压襟也是古风饰品中常见的类型。可作为头饰或其他饰品的同款或同色系的配件饰品；也可作为单独的装饰饰品，同样具有独特的装饰效果。

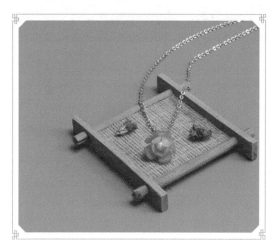

✳ 5.2.1 海棠吊坠

海棠吊坠选用了美艳高雅的海棠花作为创作元素，整体造型富贵大气。

材料及工具

UV胶、彩铅、半透明热缩片、色粉、金属吊冒、半孔棉花珠、紫外线灯、热风枪、剪刀、3mm打孔器、锥子、丸棒、棉团、手工垫板

○ 制作

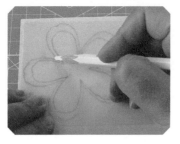 

1 在半透明热缩片的磨砂面上用白色彩铅勾画出一大一小两朵海棠花的轮廓。

2 用剪刀剪下海棠花。

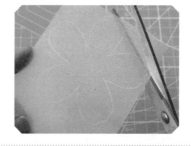 

3 将两个花片中心重叠，用 3mm 打孔器打孔。

4 用棉团分别蘸取红色和粉色色粉，依次涂抹在花片上渐变晕染注意花片颜色是中间浅、边缘深。

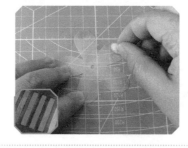 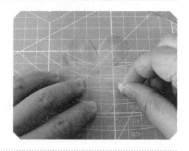

5 用红色彩铅在花片上描出呈放射状的花瓣纹理。

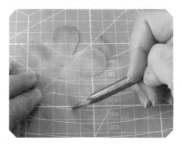 

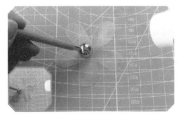  

6 将两个花片用热风枪热缩后，趁热用丸棒塑造成碗形。

  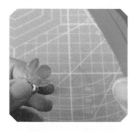 

7 用 UV 胶将金属吊帽和海棠花的大花片粘在一起，用紫外线灯照射固定。

8 将小海棠花片以花瓣错位的方式放入大花片内部，用 UV 胶粘在一起，用紫外线灯照射固定。

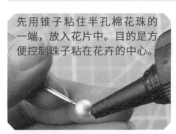  

先用锥子粘住半孔棉花珠的一端，放入花片中。目的是方便控制珠子粘在花卉的中心。

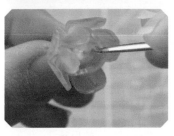 

9 将半孔棉花珠涂上 UV 胶粘在海棠花的中心，用紫外线灯照射固定。最后将金属吊冒粘在海棠花底部，海棠吊坠就制作完成了。

5.2.2 茉莉花手镯

茉莉花手镯，选用了带有浓郁清香、素洁雅致的茉莉花元素，饰品整体色调淡雅，造型呈圆弧形。绿色小珠子制作的树枝将纯白的"茉莉花"围绕其中，再用珍珠装饰点缀，十分美观。

材料及工具

UV胶、彩铅、半透明热缩片、金属手环、金属叶片、0.3mm金属线、白色米形珍珠、绿色米珠、紫外线灯、热风枪、剪刀、3mm打孔器、剪线钳、圆嘴钳、六段钳、锥子、手工垫板

● 制作

1 在半透明热缩片的磨砂面上用白色彩铅勾画出形状不同的茉莉花轮廓。画出如图所示的三朵花。

2 用剪刀剪下茉莉花。

3 用3mm打孔器将所有花片的中心打孔。

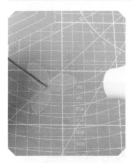

4 将茉莉花片用锥子固定，用热风枪加热缩小后，趁热塑形，让所有花瓣向内弯，花朵成碗形。最终，三个碗形花朵如图。

 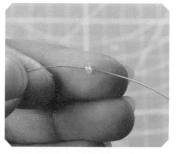 

5 用 0.3mm 金属线穿过绿色米珠，并扭成麻花状固定。这是花蕊。

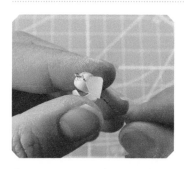  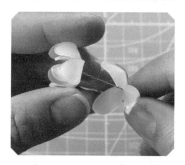

6 把做好的绿色花蕊依次穿过小、中、大三个花片。此时，花蕊与三层花片组合一起。

7 调整好花蕊和花片的位置后，在花瓣底部滴上 UV 胶，用紫外线灯照射固定，一个完整的茉莉花就做好了。用此方法做出两个同样的茉莉花。

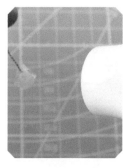 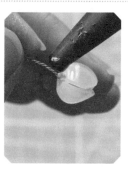 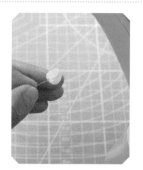 

8 用绿色花蕊穿过最小花片。用热风枪加热后让花瓣全部合拢。用 UV 胶粘住底部，用紫外线灯照射固定，做成小花苞。用此方法做出两个相同的小花苞。

9 如图所示，用 0.3mm 金属线穿过绿色米珠，然后扭一段"麻花"，然后再穿第 2 个米珠，并扭"麻花"。照此，做出两枝树枝。

10 同样用 0.3mm 金属线穿过白色米形珍珠，并扭成麻花状固定。总共做三个珍珠花苞。

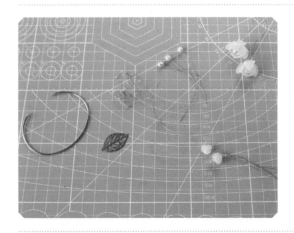

11 如图所示，准备好所有配件。就开始进入茉莉花手镯的组合阶段。

12 用六段钳最粗的部分，把金属叶片配件稍微弯曲，让金属叶片和金属手环弯曲的幅度贴合。

13 用金属线将金属叶片固定在手镯上。用圆嘴钳完成这步。

14 将茉莉花底部的金属线直接缠在金属叶片的中间位置。另一朵茉莉花用相同的方法固定在金属叶片上，与上朵紧挨着。

15 在花朵的两侧添加树枝，利用圆嘴钳和剪线钳将树枝固定在金属叶片上。

16 把两朵花苞用 UV 胶粘在花朵的一侧，等紫外线灯照射固定后用剪线钳剪掉多余金属线头。

17 用剪线钳修剪珍珠花苞的金属线头至合适长度，用 UV 胶将其粘在与茉莉花苞相对的花朵另一侧，用紫外线灯照射固定。

 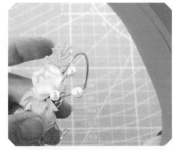 

18 最后，用相同手法把其余的珍珠花苞粘在茉莉花的周围，完成手镯的制作。

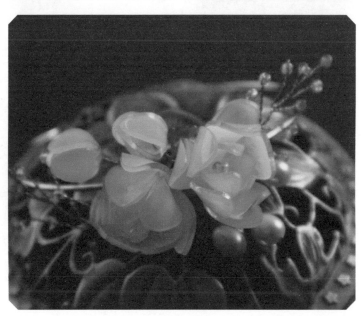

5.2.3 银莲花压襟

压襟，是古代女子挂在衣襟右上方的一件既有装饰作用又可以固定衣襟的前胸配饰。本案例银莲花压襟，以宽大的长形面板为底托，用优美的银莲花元素做主体，再用串珠和金属配件做装饰。

材料及工具

UV 胶、彩铅、半透明热缩片、色粉、金属装饰配件、金属耳钩、圆形天然石、水滴珠吊扣、黄色捷克玻璃珠、气泡珠、闪粉、开口圈、紫外线灯、热风枪、剪刀、笔刀、3mm 打孔器、圆嘴钳、锥子、棉团、小笔刷、透明平板、手工垫板

○ 制作

1 在半透明热缩片的磨砂面上用白色彩铅勾画出银莲花花片，用剪刀剪下。

2 再勾画出底板的轮廓，用剪刀剪下。

3 用 3mm 打孔器在底板的两个短边中心位置打孔。

4 用笔刀刻出花瓣上的纹理。

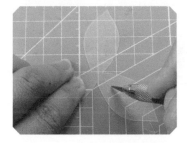 

5 用棉团蘸取紫色色粉将其中一个花片由中心向边缘晕染上色。

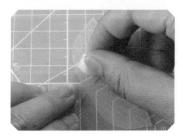 

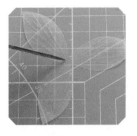  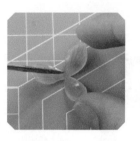 

6 在用热风枪将花片加热缩小后，用手稍微调整花瓣形态，让花瓣呈现向下翻折的造型。

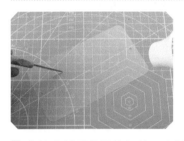 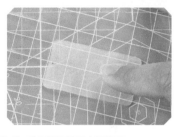 

7 也将底板用热风枪加热。底板热缩后用透明平板压平。

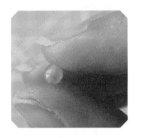   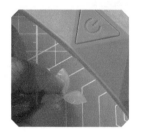

8 在白色花片中心用 UV 胶粘上黄色捷克玻璃珠，用紫外线灯照射固定。

9 在紫色花片中心涂 UV 胶，与白色花片粘在一起，注意花瓣相互错开，用紫外线灯照射固定。用同样的方法做出两朵银莲花。

10 在底板的一面均匀涂抹 UV 胶，用紫外线灯照射凝固。

11 用小笔刷在底板的上胶面均匀地刷上闪粉。

12 在闪粉表面再涂一层 UV 胶，用紫外线灯照射凝固。

13 如图所示，在底板的适当位置用 UV 胶把前面做好的两朵花粘上，用紫外线灯照射固定。

14 准备一些气泡珠，用 UV 胶粘在底板上做装饰（紫外线灯照射固定）。

15 准备几颗圆形天然石、水滴珠吊扣、金属耳钩和金属装饰配件，用以组合制作银莲花压襟。

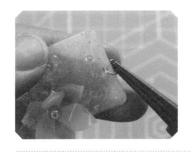

16 在底板的两个孔洞处安装开口圈。

17 取一颗圆形天然石和金属装饰配件连接，挂在底部的开口圈处。

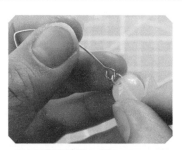

18 最后，拿另一颗圆形天然石连接底板上方的开口圈，再挂上耳钩，就完成银莲花压襟的制作啦。

第六章

花开梦醒 盼汝归至
——特殊材料制作的古风饰品

本章讲解将羊毛毡、羊毛扭扭棒和 UV 胶等作为主体材料，合理应用，制作出有特点的古风饰品。这些特殊材料在实际应用中能呈现出何种效果，是需要大家在不断地尝试过程中去感受的。

✿ 6.1 桃花发簪

桃花发簪是用半透明热缩片结合羊毛毡制作而成。用羊毛毡呈现桃子表皮的毛绒质感，而热缩片则表现出了叶片的光滑感，两种质感截然不同的材料组合在一起，使作品趣致横生。

材料及工具

羊毛（浅黄色、浅粉色、深粉色）、半透明热缩片、UV胶、彩铅、色粉、马克笔、金属簪棒、圆珠链、0.3mm 金属线、9 字针、球针、珍珠、锆石、水滴珠、酒红色绒线、开口圈、紫外线灯、热风枪、剪刀、U 形剪、笔刀、3mm 打孔器、剪线钳、圆嘴钳、锥子、戳针、小笔刷、棉团、海绵垫、手工垫板

◎ 制作

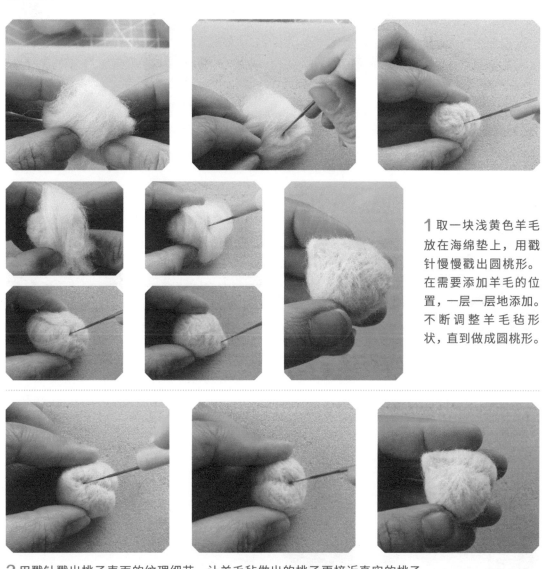

1 取一块浅黄色羊毛放在海绵垫上，用戳针慢慢戳出圆桃形。在需要添加羊毛的位置，一层一层地添加。不断调整羊毛毡形状，直到做成圆桃形。

2 用戳针戳出桃子表面的纹理细节。让羊毛毡做出的桃子更接近真实的桃子。

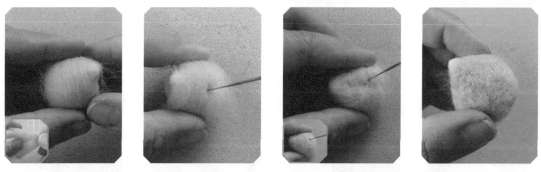

3 取少量浅粉色羊毛铺在桃子靠桃尖的那半部分，用戳针反复戳，使两色羊毛贴在一起。

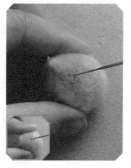

4 继续在桃子的尖部铺少许深粉色羊毛。用戳针使其毡化，做出桃子表面色彩变化的效果。

5 用 U 形剪修剪桃子表面杂乱的羊毛。接着在桃子的顶端用小笔刷涂一些深粉色色粉，增加桃子表面颜色的层次感。

6 下面用热缩片做桃花配件。在半透明热缩片的磨砂磨面上先用白色彩铅勾画出桃花花朵和花瓣的轮廓，再用绿色彩铅勾画出叶片轮廓。

7 用剪刀剪下花片、花瓣和叶片。

8 继续用剪刀将叶片边缘修剪出锯齿状。

 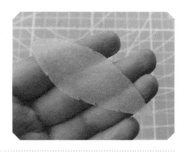

9 用笔刀刻出叶片的叶脉纹理。

 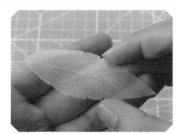

 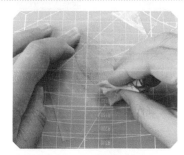 

10 用绿色马克笔给叶片上色，用纸巾擦掉叶尖部分的浮色，做出叶片颜色的深浅渐变效果。

 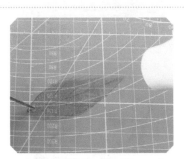 

11 用 3mm 打孔器在叶子根部打孔，再用热风枪加热缩小后用手给叶片塑形。

  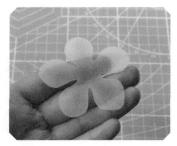

12 花朵部分用棉团分别蘸取深粉色色粉和浅粉色色粉，晕染上色。

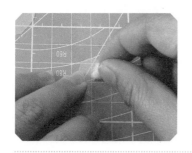 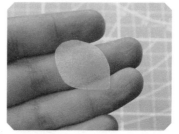

13 花瓣也用与花片相同的方法上色。

14 用3mm打孔器分别在桃花花片的中心点、花瓣尖端打孔。

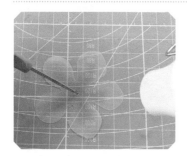  

15 在锥子的固定下用热风枪加热花片。待花片热缩后用手指趁热将其捏成碗形。

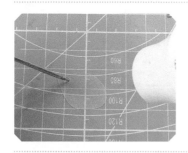 

16 用热风枪加热花瓣，花瓣热缩后自然成形即可。

 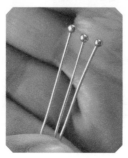 

17 用球针穿过锆石做成花蕊。

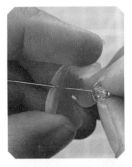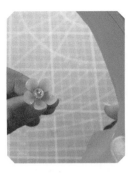

18 将花蕊穿过桃花花片的中心孔洞内，涂少量 UV 胶，再用紫外线灯照射固定。

19 先准备一段圆珠链，接着在花瓣的孔洞处穿一个开口圈，最后把花瓣连接到圆珠链的一端。

20 如图所示，用球针穿过水滴珠做成的吊坠。挂在圆珠链的另一端上。

21 准备几颗大小不一、形状各异的珍珠和锆石，依次穿入 9 字针做成吊扣。

22 把上步做好的吊扣穿到簪棍的圆孔上，吊扣另一头挂住圆珠链中部。注意，吊扣最好挂在圆珠链的三、七或四、六比例的位置（这个比例会显得链条有层次，更加美观），两端垂下的链子长度不要一样长。

23 用0.3mm金属线两次穿过叶片底部的孔洞，在使用圆嘴钳拉紧金属线后用扭麻花的方式固定。

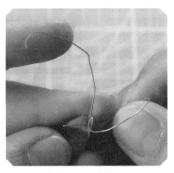  

24 将三片叶片用酒红色绒线缠绕固定，叶片上下错开。接着再固定花朵，最后滴上UV胶粘住绒线，用紫外线灯照射固定。

25 将组合好的花枝顺势用绒线缠绕固定在簪棒上。用UV胶粘住末端，用紫外线灯照射固定。

26 分别用 U 形剪和剪线钳修剪多余绒线头与金属线，再用少量 UV 胶修饰和加固线头的收尾部位（紫外线灯照射固定）。

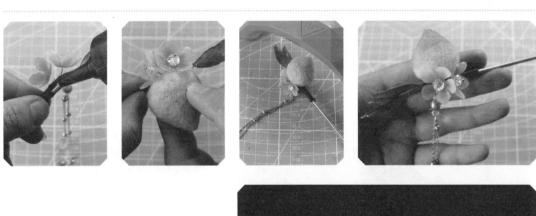

27 最后，在花朵一侧涂上 UV 胶，将做好的羊毛毡桃子粘在上面，用紫外线灯照射固定，完成制作。最终效果如图所示。

✳ 6.2 兰花发钗

兰花发钗是半透明热缩片结合羊毛扭扭棒组合而成。整个饰品既有温柔可爱的绒花，又有剔透的热缩片做点缀，整体风格即优雅又平易近人，别有一番风味。

材料及工具

白色羊毛扭扭棒、半透明热缩片、UV胶、彩铅、马克笔、金属弯头 U 形钗、0.3mm 金属线、白色仿真花蕊、圆形珍珠、紫外线灯、热风枪、剪刀、U 形剪、3mm 打孔器、剪线钳、圆嘴钳、锥子、手工垫板

○ 制作

1 取适当长度白色羊毛扭扭棒，对折，用剪线钳剪断。

2 接着再剪一段比上一段稍短的羊毛扭扭棒，对折成"V"形。第1、2步的两种扭扭棒各准备5条。

3 用U形剪把羊毛扭扭棒对折的部分修剪成尖头（如图所示）。

4 用较长的"V"形扭扭棒包裹较短的"V"形扭扭棒，组合成一片花瓣，用0.3mm金属线捆紧组合扭扭棒的末端。用同样方法做出其余几组花瓣。

5 取一些白色仿真花蕊，在中间位置用 0.3mm 金属线捆绑并扭成麻花状固定，做成花蕊。

6 接下来，用 0.3mm 金属线把用羊毛扭扭棒做出的五片花瓣和白色仿真花蕊组合捆绑成一朵花。

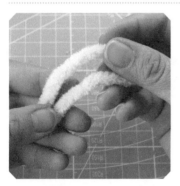  

"十"交叉组合

7 再剪两段长短不一的羊毛扭扭棒分别弯成"U"形。长条在外、短条在内，呈十字交叉的造型把两根扭扭棒组合在一起。

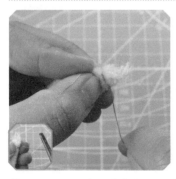  

8 用 0.3mm 金属线捆绑组合扭扭棒的末端进行固定，再用 U 形剪修扭扭棒，做成一个外形圆润的花苞。

9 接下来用热缩片制作叶片。用绿色彩铅在半透明热缩片的磨砂面上勾画出叶片轮廓。

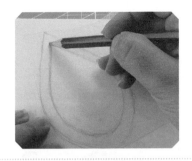

10 用剪刀剪下叶片。

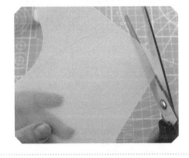

11 用 3mm 打孔器在叶片根部打孔。

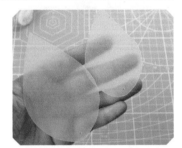

12 用绿色马克笔给叶片上色。

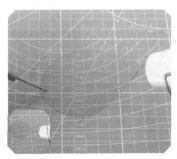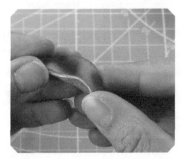

13 用锥子固定叶片，用热风枪加热，叶片热缩后趁热用手调整其造型，将叶片两侧向内卷曲。

14 用 0.3mm 金属线两次穿过叶片底端的圆孔后，用圆嘴钳将其拉紧并扭成麻花状固定。

15 选取一片小叶片包裹住羊毛扭扭棒花苞，用 0.3mm 金属线缠绕两者根部，固定。

16 接着用大片的叶片包裹住花朵底部，同样用 0.3mm 金属线将叶片和花朵捆绑固定在一起。

17 准备几颗圆形珍珠。用 0.3mm 金属线穿过，并扭成麻花状固定，做成小花苞。

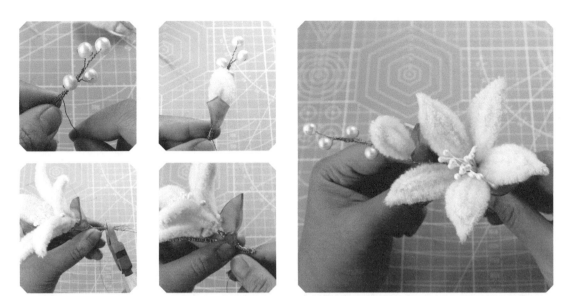

18 先用 0.3mm 金属线把珍珠花苞上下错开地捆绑在一起。接着再依次与扭扭棒花苞、扭扭棒花朵绑在一起。最后用剪线钳修剪多余线头（保留出用作最后固定的金属线）。

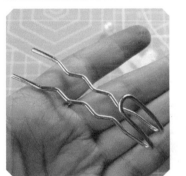  

19 用前面留出的金属线线头将花朵固定在金属弯头 U 形钗上。

20 最后，修剪金属线线头，调整花朵造型，完成制作。

❋ 6.3 浮萍胸针

浮萍胸针是由半透明热缩片结合 UV 胶制作而成。用 UV 胶和亮片营造出一片色彩斑斓、波光粼粼的湖面，再将用热缩片做成的浮萍漂浮其上，虚实难分，如梦似幻。

材料及工具

UV胶、彩铅、马克笔、色精(绿色、蓝色)、半透明热缩片、金属胸针配件、气泡珠、银色米珠、闪粉、亮片、紫外线灯、热风枪、剪刀、笔刀、锥子、圆形硅胶模具、刷子、手工垫板

○ 制作

1 在半透明热缩片的磨砂面上用绿色彩铅勾画出浮萍轮廓。

2 用剪刀剪下浮萍。

3 在浮萍中心位置用笔刀切出异形图形。

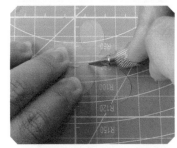 

4 继续用笔刀刻出浮萍叶片的叶脉纹理。

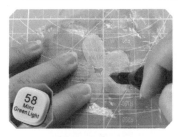  

5 用绿色马克笔给浮萍上色。

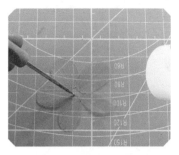 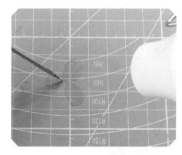 

6 拿锥子固定浮萍，用热风枪加热。浮萍热缩后让其自然成形为平整状态即可。

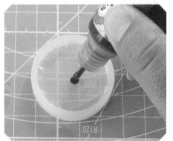 

7 在圆形硅胶模具里加入 UV 胶到大约三分之二的位置，再滴入少量蓝色和绿色色精，调色。

8 将色精和 UV 胶用锥子搅匀（注意挑出气泡）。然后用紫外线灯照 2 分钟，使胶凝固。

 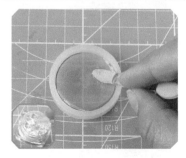 

9 用刷子轻轻地在凝固的 UV 胶表面点上少许亮片，不用涂满。注意，添加亮片也可使用小笔刷。

 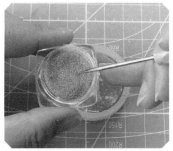

10 继续在加入亮片的模具里加满 UV 胶。

11 用锥子挑一点点闪粉加入 UV 胶稍微搅拌。不用搅拌得特别均匀。

12 将整个模具放在紫外线灯下照射 5 分钟左右，凝固后脱模。这是胸针底托。

13 下面用 UV 胶将两片浮萍粘在做好的胸针底托上，用紫外线灯照射固定。

14 接着用 UV 胶在底托的表面粘上少量大小不一的气泡珠。

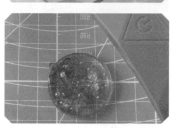

15 用与粘贴气泡珠相同的方法，再在底托表面粘上少量的银色米珠。

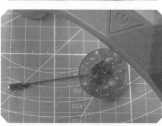

16 最后，在金属胸针配件上涂抹 UV 胶，将其粘在底托下方的正中间，再用紫外线灯照射 5 分钟固定，完成胸针制作。

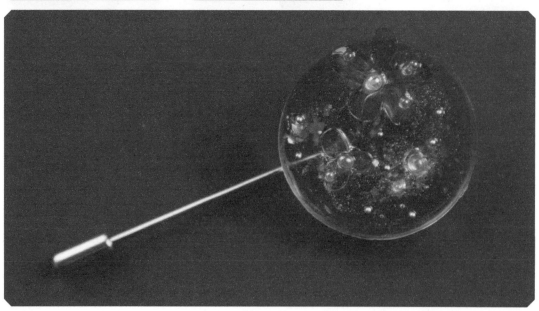

附花形线稿图

山茱萸

樱花

山茱萸叶

枫叶

双面蝴蝶

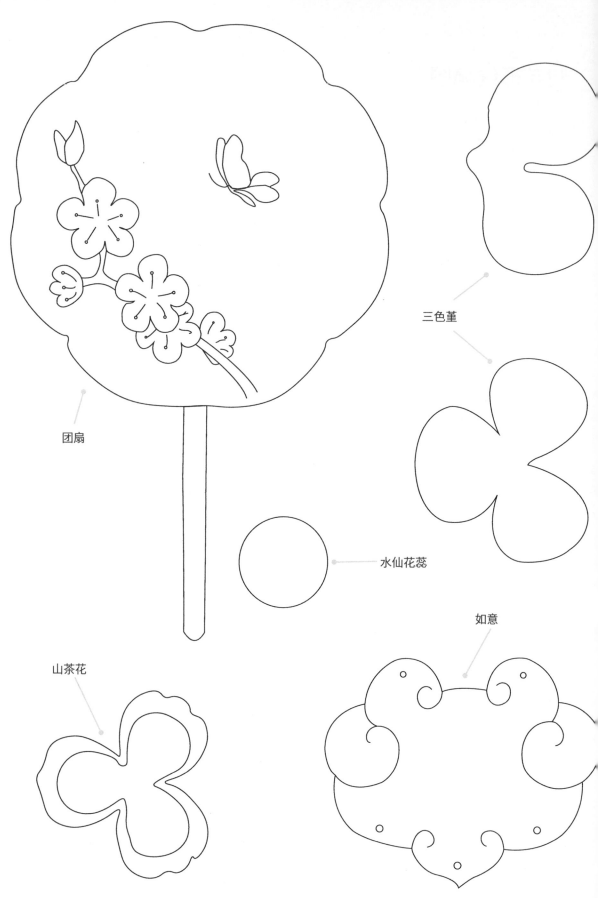

三色堇

水仙花蕊

如意

团扇

山茶花

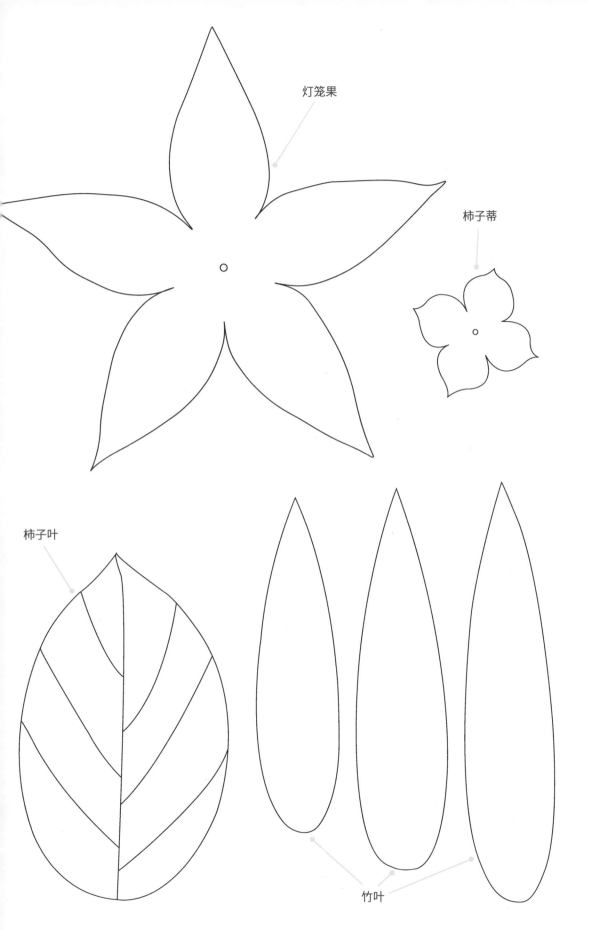

灯笼果

柿子蒂

柿子叶

竹叶

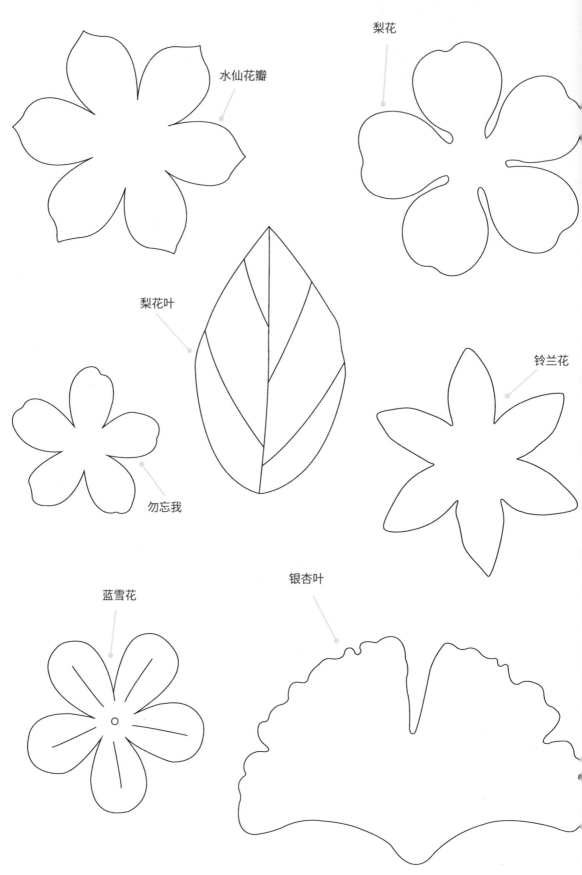

水仙花瓣

梨花

梨花叶

铃兰花

勿忘我

蓝雪花

银杏叶

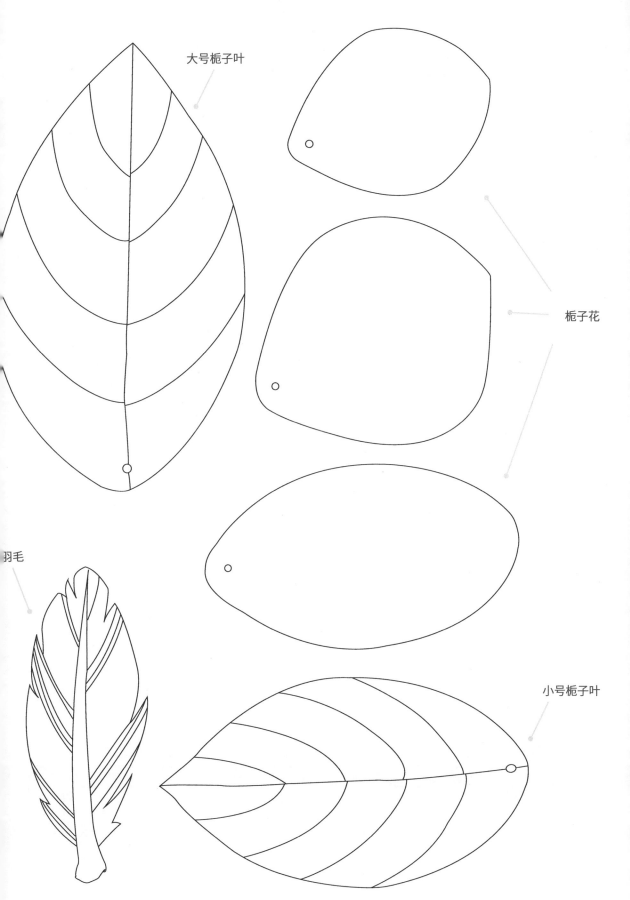

大号栀子叶

栀子花

羽毛

小号栀子叶

银莲花底板

银莲花

海棠花（两朵）

杏花大花片

金露梅花与叶

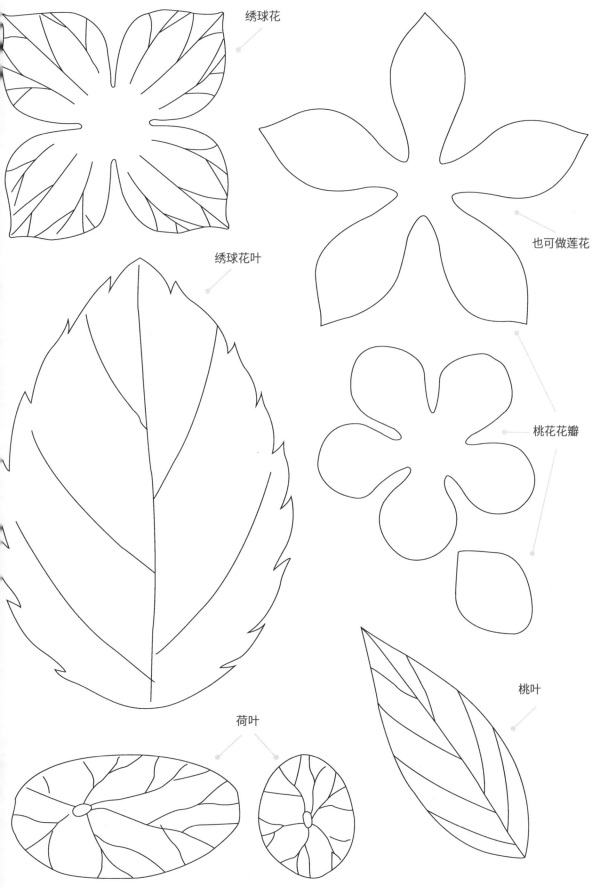

绣球花

也可做莲花

绣球花叶

桃花花瓣

荷叶

桃叶

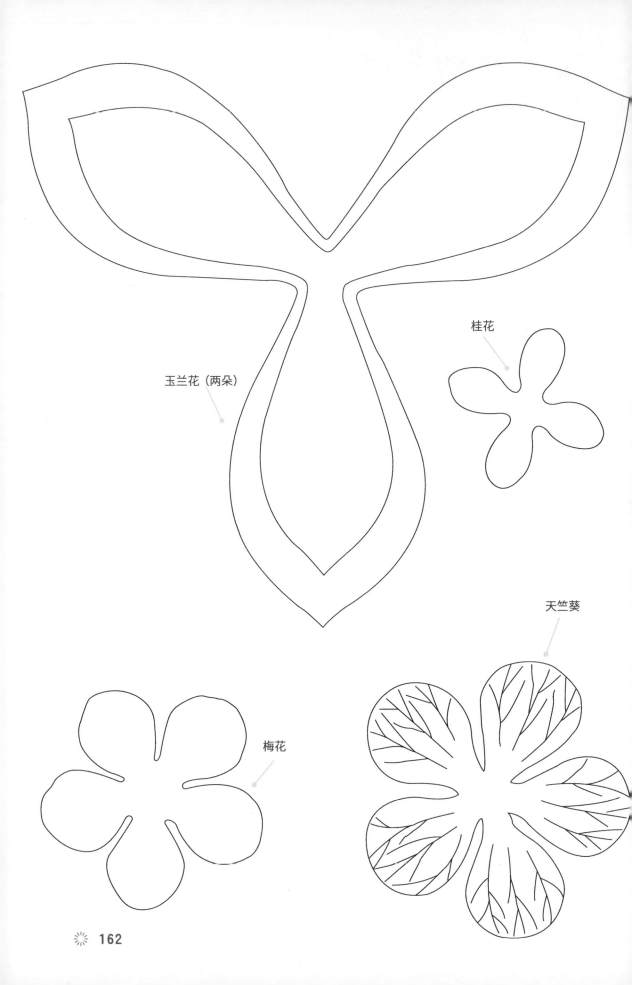

桂花

玉兰花（两朵）

天竺葵

梅花

杏花小花片

莲花

蝴蝶兰

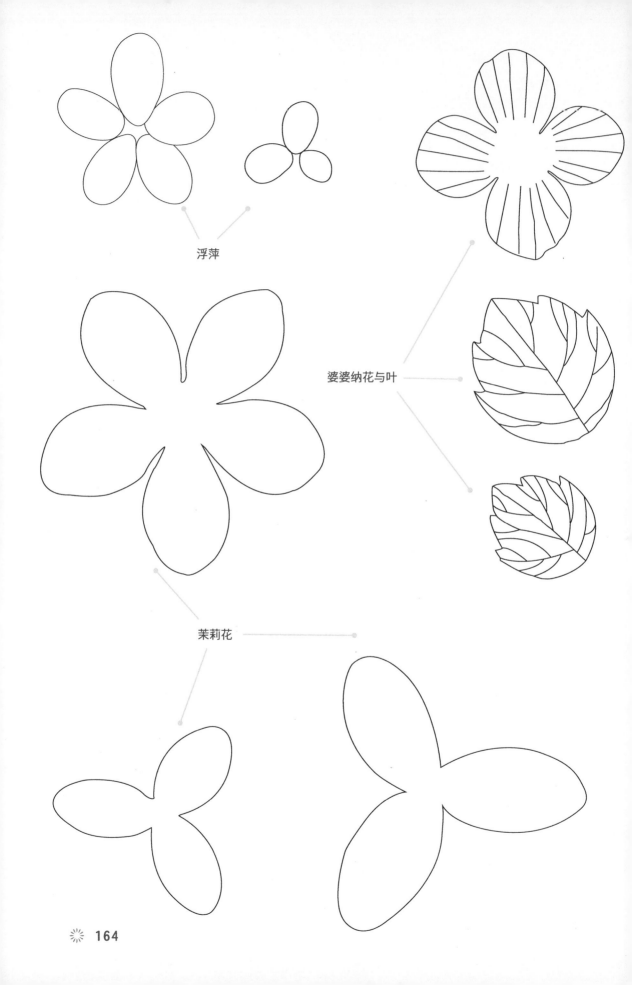

浮萍

婆婆纳花与叶

茉莉花